HANDBOOK OF CHERRY

育てて楽しむ

サクランボ

栽培・利用加工

Tomita Akira

富田 晃

創森社

収穫期の果実（紅秀峰）

サクランボ栽培へのいざない ～序に代えて～

サクランボは、６～７月の限られた時期にしか出回らない季節感あふれる果実です。透きとおるようにきらきら輝くかわいい姿が「赤い宝石」「初夏のルビー」などと宝石に例えられたりします。また、呼び名もサクランボというかわいらしい愛称で呼ばれています。園芸学的な名称はオウトウ（桜桃）で、サクランボは中心に種を覆う硬い核があるため、アンズやモモなどとともにストーンフルーツ（核果類）と呼ばれます。

国内の産地は東北地方、北海道、甲信の山梨県、長野県などが主な産地です。なかでも最も収穫量の多いのは山形県で、日本の生産量全体の７割以上を占めています。果樹の全体のなかでは生産量も限られ、マイナーな果物に分類されますが、旬《しゅん》が限られている季節色豊かな果物です。そんな愛らしく高級感あふれるサクランボですが、樹はとても背が高く、収穫前に雨に降られると実が割れたり、腐ったりします。これを防ぐために雨よけのビニールが欠かせないなど非常に栽培しにくい果実です。

サクランボは果樹の専門家でも育てるのがむずかしい果物ですが、サクランボの樹の特性をしっかり理解して、環境を整えてやれば初心者であっても不可能ではありません。本書では鳥よけや雨よけが簡単にできる垣根仕立てによる栽培、玄関先などの限られたスペースで楽しむことができる鉢植えでの栽培、さらに室内で観賞できるポットチェリーについても紹介しました。本書がみなさんのサクランボ栽培の一助になれば幸いです。

２０１８年　秋植えの頃に　富田　晃

短果枝

開花（甘果オウトウ）

幼果

成熟果

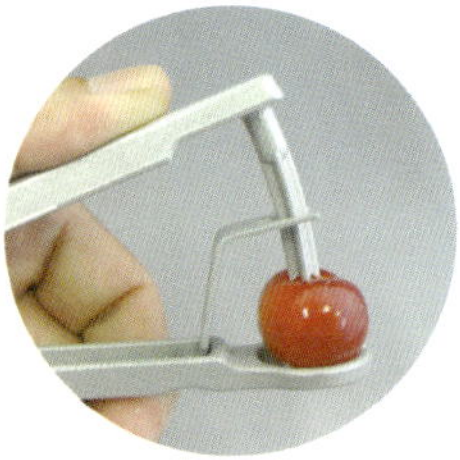
種抜き

チェリーパイ

●MEMO●
◆本書の栽培は東日本、西日本の温暖地を基準にしています。生育は品種、地域、気候、栽培管理法によって違ってきます。
◆果樹園芸の専門用語、英字略語については、初出用語下の（ ）内などで解説しています。

第１章

サクランボの魅力と生態・種類

収穫したばかりの果実（６月上旬）

果樹としてのサクランボの特徴

植物学的分類

多くの人にとってサクランボという親しみを込めた呼び名のほうがなじみ深いですが、園芸学的にはオウトウ（漢字では桜桃）と呼ばれています。また、植物学的な分類ではバラ科サクラ属に属します（**表1－1**）。

さらにサクランボのなかに、甘果《かんか》オウトウ、酸果オウトウ、中国オウトウなどの種類があります。そのなかで、日本で広く栽培されているのは甘果オウトウという種類です。

甘果オウトウ

甘果オウトウはスイートチェリー（sweet cherry）とも呼ばれ、甘味が強く、酸味が少ないので、主に生食用として利用されています。和名はセイヨウミザクラです。通常、生食用のオウトウといえばこの種類を指します。

日本で主に栽培されているのは果肉の白いものが大部分ですが、スーパーなどの店頭では輸入されたアメリカンチェリーに代表される赤肉種のものも多く、外国ではこの赤肉種の種類が多く栽培されています。

酸果オウトウ

酸果オウトウはサワーチェリー（sour cherry）とも呼ばれ、和名はスミノミザクラです。酸味が強く生食に

甘果オウトウ

甘果オウトウの果実（佐藤錦）

甘果オウトウの開花

表1－1　サクランボの分類と原産地

甘果オウトウ	学名：*Prunus avium* L. 和名：セイヨウミザクラ 原産地：イラン北部、コーカサス山脈の南部からイタリア、スペインに及ぶ
酸果オウトウ	学名：*Prunus cerasus* L. 和名：スミノミザクラ 原産地：黒海沿岸から西部アナトリア（小アジア）付近
中国オウトウ	学名：*Prunus pseudcrasus* Lind. 和名：カラミザクラ、シナオウトウ 原産地：中国

酸果オウトウ

酸果オウトウの開花

酸果オウトウの成熟果

は不向きなので、パイや菓子、ジャムなどの加工用原料に利用されます。アイスクリームやヨーグルトなどへのトッピングとしても用いられています。

酸果オウトウは自家結実する品種が多く、樹も比較的コンパクトで病害虫の被害も少ないので、家庭用果樹としての利用に適しています。

中国オウトウ

中国オウトウ

中国オウトウの果実

中国オウトウの開花

和名ではカラミザクラやシナオウトウと呼ばれています。ホームセンターなどで暖地オウトウという名称で販売されています。中国原産で、わが国には江戸時代の初めに導入されました。九州や四国では今でも観賞用に植えられています。

オウトウに似た小さい果実がなり、開花期は甘果オウトウよりも早く、関東では3月下旬に開花し、5月上旬には収穫期を迎えます。

原産地と来歴

サクランボの歴史は古く、有史以前から食べられていたと考えられています。甘果オウトウの原産地はイラン北部、コーカサス山脈の南部からイタリア、スペインに及びます。酸果オウトウの原産地は黒海沿岸から西部アナトリア（小アジア）付近です（**図1-1**）。17世紀にはアメリカ大陸に渡りました。

中国オウトウの原産地は不明とされていますが、これにはシナノミザクラと白花シナノミザクラの2系統があり、中国全土に広く分布するといわれているところから中国国内のどこかに原産地があるものと思われます。

図１－１　サクランボのわが国への渡来経路

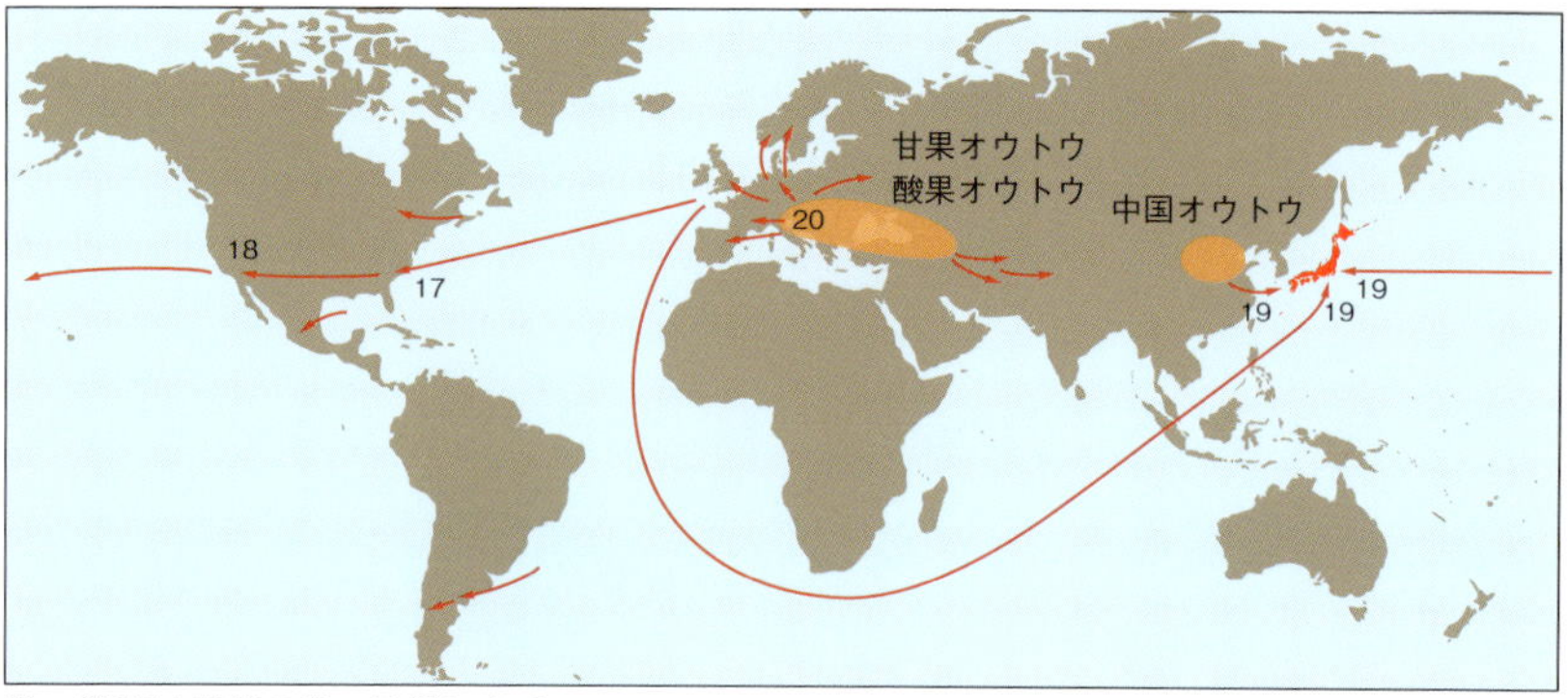

注：数字は世紀の意。星川による

　日本でのサクランボ栽培は、1868年（明治元年）にドイツ人ガントネルが北海道函館に導入したのが最初といわれています。本格的な栽培が始まるのは1874年（明治7年）、東京の三田育種場にリンゴやブドウとともに導入されたことによります。

　ナポレオンや黄玉《きだま》などの苗木が全国に配布されましたが、自然条件、立地条件などに恵まれた山形県を中心に発展し、缶詰の供給原料として生産量が飛躍的に増加していきます。

　1978年（昭和53年）にサクランボが自由化され、安価なアメリカ産チェリーの輸入開始となり、産地は打撃を受けたものの、それまでの加工用から1928年（昭和3年）に育成された佐藤錦を主力に生食用へと切り替えることによって、産地の維持、振興をはかってきたのです。

贈答用の詰め合わせ

果樹としての魅力

　サクランボは、初夏のルビーなどと称される季節感の非常に強い果物。梅雨の時期に収穫のピークを迎えますが、甘さと酸っぱさがほどよく調和し、さわやかさをもたらしてくれます。

　見た目もきれいでかわいらしく、いつの時代も女性や子どもたちからの人気は抜群です。また、贈答用果実としてもきれいに箱詰めされた姿はまるで宝石のように見え、きれいに並べられたパックはまさに芸術品です。

芽、花の形状と特徴

花芽と葉芽

芽には花のもととなる花芽《かが》（「はなめ」ともいう）と、葉のもとになる葉《よう》芽《が》の2種類があります。さらに、果樹の花芽には、芽のなかに花しかないもの（純正花芽）と、花と葉が混在するもの（混合花芽）とがあります。サクランボの花芽は純正花芽に分類され、前年の枝に直接果実がつきます。

花芽は大きく丸みを帯びているのでやせ形の葉芽とは区別しやすいです。サクランボの花芽のなかには小花（蕾）が2～4個（通常は3個）形成され、冬の間は発育を休止して越冬します。そして早春に発育が再開され、雄《ゆう》ずい（雄しべ）、雌《し》ずい（雌しべ）が完成してから開花します。

葉芽はリンゴやナシと同じく、やせていて尖っています。一方、花芽はなかに花（蕾）が複数形成されているので、芽が大きく丸味を帯びており、外観である程度区別することができます（図1-2）。

花芽の数は樹勢、樹体の栄養条件などの影響を受けます。病害虫被害による早期落葉なども花芽不足につながります。そのため、密植園では結実不足が目立ちます。健全な樹づくりをおこない、園または樹全体を明るく管理するよう心がけてください。

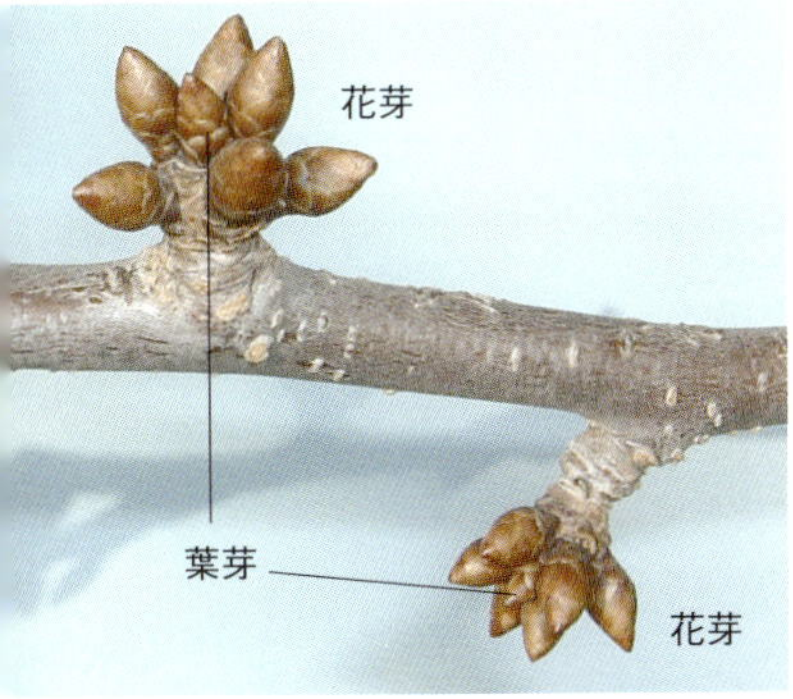

花束状短果枝

一つの花芽に入っている花数は主に三つ

蕾がふくらむ（開花前）

図1－2　花芽と葉芽

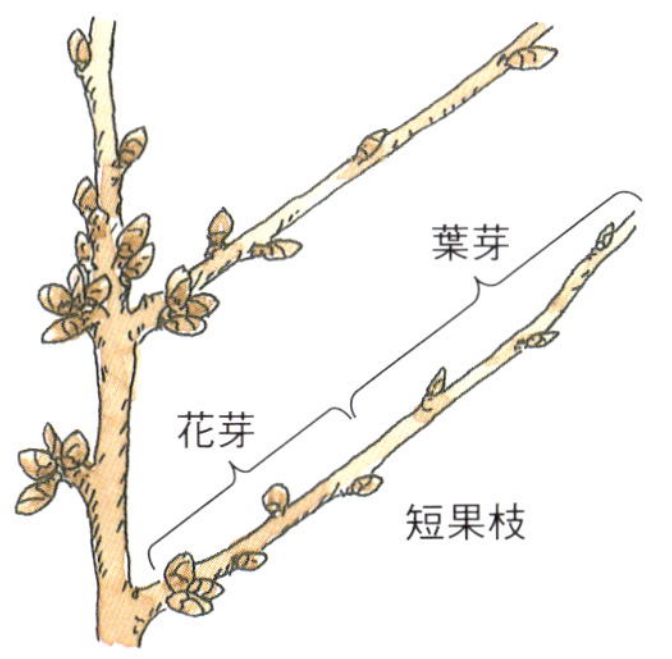

短果枝の基部には花芽が着生し、それ以外は葉芽となる。花束状短果枝のなかには一つだけ葉芽が入る

花芽の形成

花芽は、前年伸びた新梢の腋芽《えきが》が花芽となり、頂芽は葉芽になります。しかし、腋芽がすべて花芽となるのではなく、長く伸びた長中果枝では、新梢の基部に近い数芽だけが花芽となり、その先は葉芽です。短果枝は、腋芽のほとんどが花芽となり、頂芽だけが葉芽となります。

特に花束状に形成された短果枝を「花束状《かそくじょう》短果枝」と呼びます。花束状短果枝には通常3~8芽の花芽があり、中心には新梢となる葉芽があります。サクランボの結果枝としては花束状短果枝が重要で、花束状短果枝を多く形成させ、これを長く維持することが栽培のポイントになります。

図1-3　花の構造と部位名称

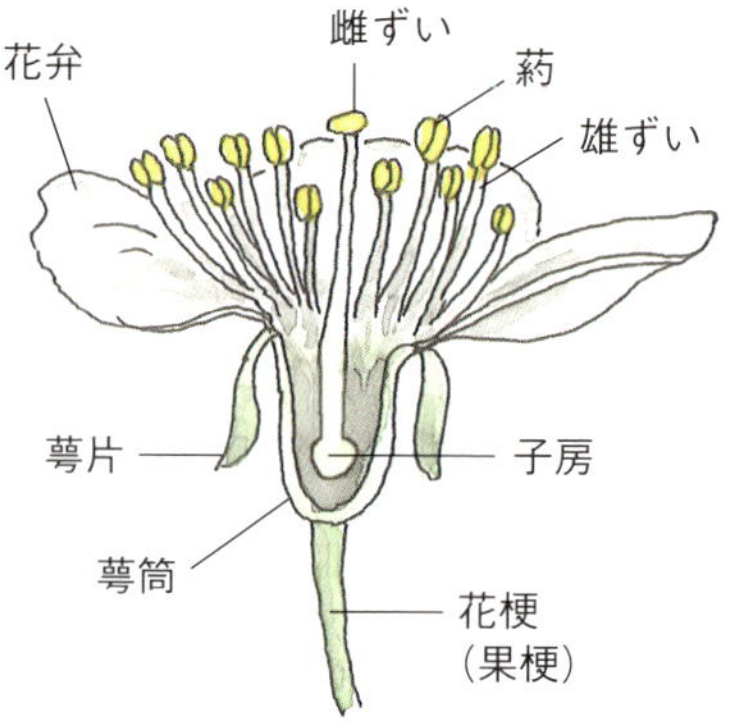

花弁も花系も白く、葯だけが黄色

咲きはじめの花弁に残るしわ

酸果オウトウの花はやや小型

花の形状と特徴

サクランボの花はサクラの花とよく似ていて5枚の花弁（花びら）を持ち、白っぽい色です**（図1-3）**。花弁はハート形に近い形で、品種によって大きさや形に多少の変化が見られます。

酸果オウトウの花は甘果オウトウよりやや小型で、花梗《かこう》が長いのが特徴です。雄ずい（雄しべ）の数は約40本で、先端には花粉が詰まっている葯《やく》があります。葯のなかには花粉が6000~8000粒入っていて、これが昆虫などによって雌ずい（雌しべ）の先端に運ばれて発芽し受精します。

正常な花の雌ずいは1本ですが、前年夏の高温・乾燥によって2本以上になることもあります。花芽分化は7~8月に始まり、11月頃までには花のもとはできあがり、早春には細かい部分を仕上げて開花を待ちます

果実の形状、構造と特徴

果実の構造と大きさ

サクランボの果実は、表皮（外果皮）、中果皮（果肉）、内果皮（核）、胚および果梗からなります。

中果皮は可食する果肉の部分であり、内果皮は胚を包む組織で、幼果のうちは中果皮と同様に軟らかい組織ですが、満開３週間頃（山梨県で５月上旬、山形県で５月下旬）になると硬化しはじめ（硬核期）、いわゆる核となります（**図１・４**）。

サクランボやモモ、スモモ、アーモンド、ウメ、アンズは、園芸学的には核果類と呼ばれる果物です。核果類は種を包む殻である「核」が石のように硬いので、英語ではストーンフルーツと呼ばれています。

成熟果（佐藤錦）

図１－４　果実の構造と部位名称

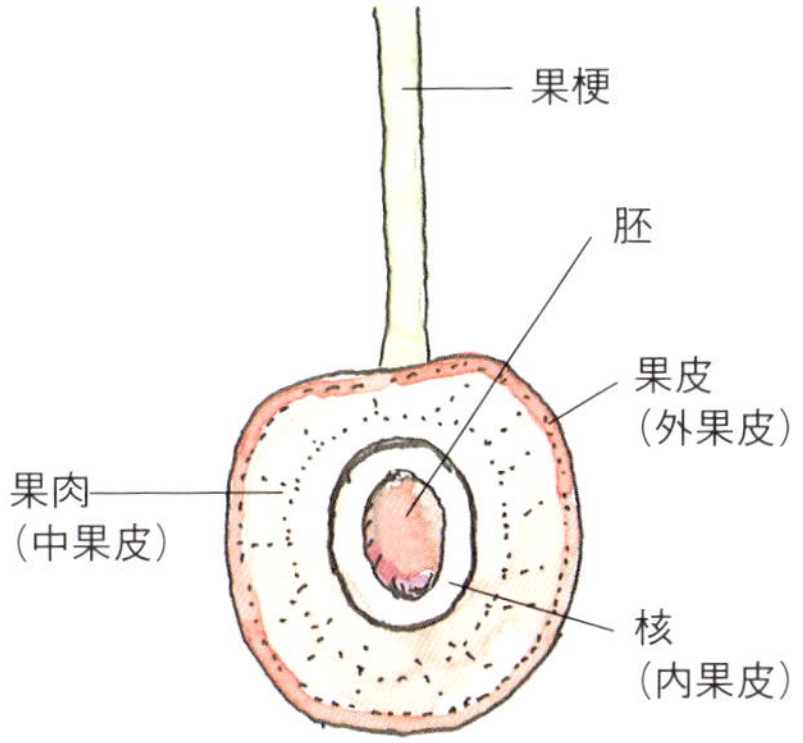

果皮や果梗の表面には気孔が存在しますが、果梗のものはやや小さめです。これらの気孔は、成熟とともに開閉機能が失われ、成熟期には開いたままになります。そのため、気孔は外部からの水分を吸収し、裂果（実割れ）の原因の一つとなります。

種子は内果皮と胚からなります。種子の形は円形から長楕円までいろいろな形をしています。酸果オウトウは円形のものが多く、大きさも甘果オウト

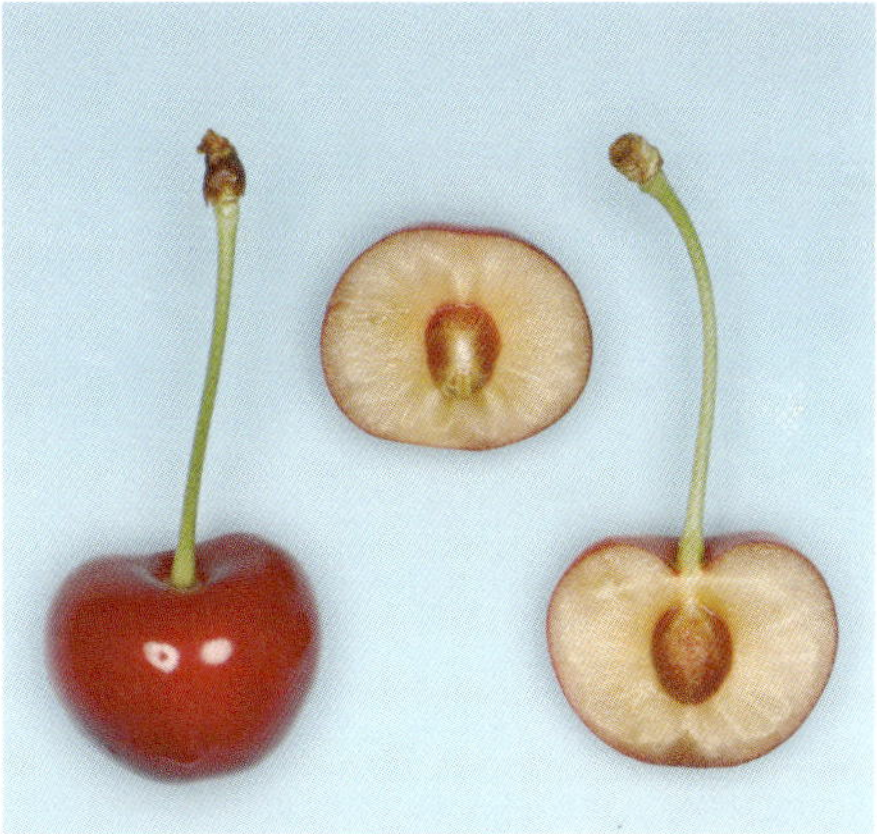
果実（中は横断面、右は縦断面）

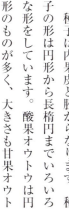

果皮の色

果皮。左から紅秀峰、月山錦、サム

種子の大きさの比較

種子。左から高砂、紅さやか、佐藤錦

果梗の長さ

品種によって果梗の長さが異なる（左から高砂、富士あかね、佐藤錦、紅秀峰）

ウより小さいです。

甘果オウトウの核の大きさは、概して果実の大きさに比例しますが、果実との比較で種子の大きいもの（高砂《たかさご》）や小さいもの（紅さやか）があり、品種によって若干の差があります。核の表面はモモやウメやアンズのように凹凸はなく滑らかで、品種識別の指標にはなりにくいです。

果実はまず縦方向に生長し、核が硬くなった後は横方向への生長が旺盛になります。この時期（果実肥大・成熟期）は一日の肥大が最も進む時期でもあります。果形は横から見て卵形または長楕円形ですが、収穫期近くなるとしだいに扁平になります。

なお、果実の表面にはモモやウメなどの核果類と同様に縦方向に筋（縫合線）が入っています。また、果梗の長さも品種による違いが認められます。

果実の色と成熟度

果皮の色はいずれの品種も幼果の時期は葉緑素を含んでいるので、緑色をしています。核が硬くなる硬核期以降になると果実の緑色（地色）が抜けて黄白色から赤色、紫赤色、紫黒色とそれぞれの品種固有の色になります。

果皮の着色とともに、果肉も着色を始めます。日本で栽培されている品種の多くは、果肉の色が白色または乳白色ですが、品種によっては核の周囲に

子房の生長（４月中旬）

図１－５　果実の形状

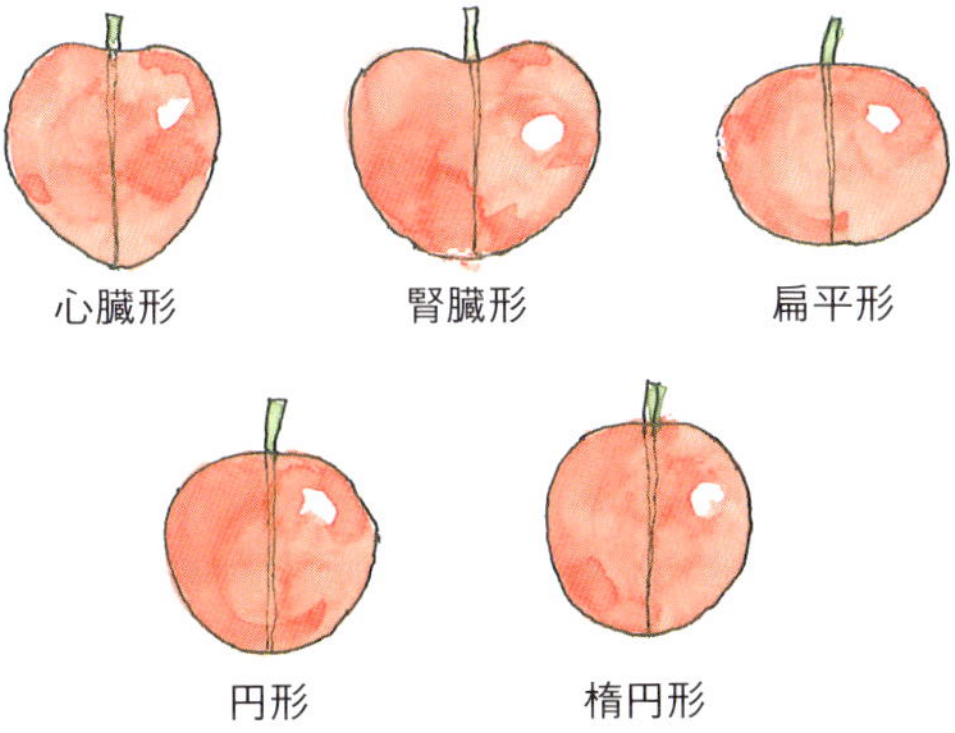

幼果（５月中旬）

果実の生長

黄白色から薄い赤色に（５月下旬）

佐藤錦の果実の生長と変化

成熟果に近づく（５月末）

紅秀峰の果実の生長と変化

紅色素の入るものもあります。実割れするのがサクランボの特徴の一つですが、実割れは地色が抜けはじめる生育期後半から成熟期に果実に直接雨が当たることによって発生します。

サクランボは満開から成熟までの日数が品種によってほぼ一定なので、およその収穫時期を推定することができます。

実際の収穫は、外観では品種固有の果実の色づきや大きさ、形状（**図１－５**）などが判断材料になります。果肉の硬さ、指でつまんだ弾力なども参考になります。収穫期になった果実は着色などを参考に成熟した果実から順次収穫しましょう。

収穫時期が遅れると、過熟によって果肉が透きとおった状態になるウルミ果や軟果が発生しやすくなります。また、ショウジョウバエの被害を受けやすくなります。

樹と枝、葉、根の特徴

樹姿と樹高

サクランボは高木性落葉果樹です。樹姿は、枝の立ちやすさと広がりやすさから直立、半直立、開張、枝垂れなどに分類されます。

かつては樹高が8～10mがふつうでしたが、近年の栽培では4～5mほどになっています。

サクランボは高木性落葉果樹

サクラのように美しい樹皮

枝の特性

サクランボの枝は、長く伸びた発育枝、徒長枝と、芽と芽の間隔が短縮された結果枝（実のなる枝）があり、1年生の枝の色ははじめ各品種とも緑色ですが、落葉期には緑灰色から赤褐色と品種により違いが出てきます。2、3年生以上の枝には表皮から表層の組織にかけて赤色の色素（アントシアニン）が集積するため、樹皮は暗紫赤色の美しい外観となります。

樹皮の表面に丸い点のように分布していた気孔は、枝の肥大とともに長楕円形の皮目に変化し、サクラのような美しい樹皮模様となります。皮目はその密度や大きさ、形などが品種によって異なります。その変異の幅は小さく品種識別の指標にはなりません。

短果枝。芽は鱗片に覆われ、寒さから身を守る

花束状短果枝。多くの花が同時に咲くようになる

葉の形状と特徴

甘果オウトウの葉は桜の葉と似た形で、葉形は先端の尖った長楕円形で

す。葉の縁はのこぎり歯状の鋭い刻みがあるのが特徴になっています。また、刻みの形状は種類や品種によって異なります。

甘果オウトウの葉は酸果オウトウ、中国オウトウの葉よりも大きく、葉辺部はのこぎり歯状になっています（図1－6）。品種によってのこぎり歯の切れ込みに違いがあります。葉辺の下部と葉柄の接するところには通常一対の蜜腺があります。形は丸いものから腎臓形のものまであり、数も品種によって異なります。

酸果オウトウの葉は甘果オウトウより小さく、葉に光沢があり葉裏に柔毛のあるものが多いです。また、蜜腺はないものが多いです。

成葉。表（左）と裏

図1－6　葉の形状

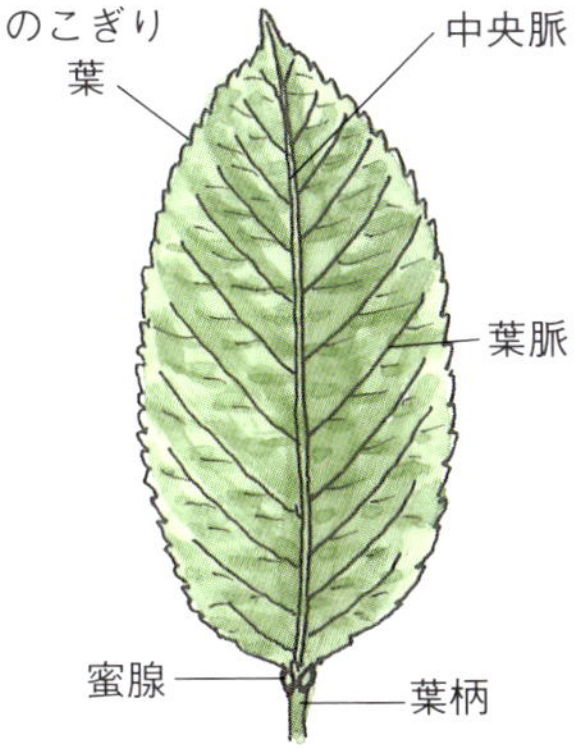

根の状態。横に広がる

根の生態と伸長

サクランボは接ぎ木をして苗木を養成するので、根は台木として用いられた植物の根が対象となります。台木として最も多いのはアオバザクラ（マザクラ）です。アオバザクラは、深く伸びる直根が少なく、根は横に広がります。根の木質部は軟らかく、接ぎ木部がもろいのが特徴です。

サクランボは根の呼吸作用が他の果樹と比べて特に活発なので、根にたいしてじゅうぶんな酸素の供給が必要となります。優良園と不良園を比較すると、土壌の下層までの物理性に差があります。また、優良園の三相分布を見ると気相（空気）、液相（水）が明らかに多いことがわかります。

不良な条件では樹の寿命も短くなります。成木になってからの急激な枯死樹の発生なども条件的に不利な園地に多く見られます。

サクランボの分類・種類と主な品種

サクランボの分類

サクランボは、先に述べたとおりバラ科サクラ亜科のサクラ属（サクラ亜属）に属します。サクラ属は果実のなかに硬い核を持つ核果類が含まれます。

この仲間はスモモとモモとサクラの三つのグループ（亜属）に分かれており、モモ亜属にはモモ、アーモンドが、スモモ亜属にはウメ、アンズ、スモモが、サクラ亜属にはサクランボの仲間が含まれています。

成熟期のナポレオン

甘果オウトウの品種

主要品種の特性などを**表1-2**に示しています。

佐藤錦や紅秀峰に代表される甘果オウトウ（スイートチェリー）の果実は、初夏を彩る甘さと酸っぱさがほどよく調和して、さわやかさをもたらしてくれます。それぞれの品種に個性があり、早生《わせ》から晩生《おくて》まで多くの品種があります。

果皮、果肉の色が濃いサム

佐藤錦

山形県東根市の佐藤栄助氏が、ナポレオンに黄玉《きだま》を交配してできたと推定される品種。生食用が主体となった昭和50年（1975年）代以降植栽が増え、主力品種になっている。

樹姿は直立性で、樹勢は旺盛、花の着生も多く豊産性。果皮の色は帯赤黄《たいせきおう》斑《はん》色（黄色の地に鮮やかな赤色の着色が見られる果皮色）で、着色程度は鮮紅色の発現が多く、光沢もあり良好。果実は短心臓形で大きさは6g程度だが、摘果《てきか》などにより10g程度の大玉生産もおこなわれている。果肉は比較的軟らかく、乳白色。過熟気味になると色がくすむウルミ果が出やすい。糖度も高く不動の人気を誇っている。

高砂

高砂は、アメリカ原産で明治初期に

表１－２　主要品種の特性　（山梨県果樹試験場）

品種名	来歴	果形	果実重	果皮色	糖度	収穫期
佐藤錦	ナポレオン×黄玉（推定）	短心臓	7.0g	帯赤黄斑	19.1	6月上旬
高砂	アメリカから導入	短心臓	6.1g	帯赤黄斑	18.1	6月上旬
香夏錦*	佐藤錦×高砂	短心臓	6.0g	黄色赤斑	多	5月下旬
紅秀峰	佐藤錦×天香錦	短心臓	8.5g	帯赤黄斑	18.8	6月上旬
ダイアナブライト	偶発実生	心臓	11.0g	帯赤黄斑	中	6月中下旬
月山錦*	不明	心臓	13.0g	黄	22.0	6月下旬
紅てまり*	交雑実生	短心臓	10.0g	帯朱紅	15.0	7月上旬
紅きらり*	レーニア×コンパクトステラ	心臓	8.9g	帯朱紅	やや多	6月中下旬
紅さやか*	佐藤錦×セネカ	短心臓	5.0g	帯朱紅	15.0	6月上旬
南陽*	ナポレオンの実生	短心臓	9.0g	帯赤黄	15.0	6月下旬
北光*	偶発実生	長心臓	中	帯赤黄	中	7月上中旬
大将錦*	偶発実生	短心臓	10.0g	帯赤黄斑	多	7月上旬
ナポレオン*	アメリカから導入	長心臓	6.0g	帯赤黄	16.0	6月下旬

注：品種名の＊印は育成地のデータをもとにしている

佐藤錦

佐藤錦は日本の主力品種

果形と縦断面

高砂

早生種で早場産地の主要品種

果形と縦断面

ナポレオン

果形と縦断面

皮、果肉とも厚く、輸送に耐える

輸入された。短心臓形で大きさは中くらい。果皮は淡赤色で外観は良好。甘味が多く豊産性。品質はよいが核が大きく、果肉は軟らかい。

樹勢は旺盛で高温や乾燥に強い。収穫時期は、6月上旬。佐藤錦の受粉樹として利用されている。早場産地では経済的に利用価値が高く、山梨県での生産が多い。

ナポレオン

ヨーロッパで古くから栽培されている品種。高砂とともに明治初期にアメリカから持ち込まれた。長心臓形で大きく、果皮は黄色地で、紅色の斑に着色する。

果肉は厚く、肉質は硬く多汁。芳香に富む。樹勢は中。高温・乾燥には弱い。収穫期は6月下旬で、生食、加工両方に適する。佐藤錦の受粉樹として使われる。

紅秀峰

山形県園芸試験場（現、山形県農業

総合研究センター園芸試験場）において佐藤錦に天香錦を交配して得られた実生《みしょう》から選抜育成され、1991年（平成3年）に品種登録された。

樹勢はやや強く、樹姿は中くらい。枝の発生が多く、花芽の数も良好で、結実がよく豊産性。開花は早く、4月中旬で佐藤錦より数日早い。果実の大きさは8gから9gできわめて大果になる。果形は扁円形で横径が長い。着色はよく、外観もよい。果肉は黄白色で硬く、樹上での日持ちはきわめて良好。糖度は20％前後で、酸はpH3・7～4・0と少なく、甘味はきわめて多い。収穫時期は、6月下旬で、晩生の有望品種。

香夏錦

香夏錦《こうかにしき》は福島県の佐藤正光氏が、佐藤錦に高砂を交配した実生から選抜育成した品種。

樹姿は開張性で、樹の大きさ樹勢とも中くらい。果実は短心臓形で、大きさは平均6g程度で玉揃いはよい。果皮は黄色赤斑に着色するが濃さは中程度。果肉は乳白色で、着色はない。肉質は軟らかく、緻密で果汁が多い。甘味が多く、酸味は少ない。収穫時期は、育成地である福島県で5月下旬の早生種。

紅さやか

山形県園芸試験場において佐藤錦とセネカの交雑により育成した品種。

紅秀峰

大玉の晩生種で日持ちがよい

果形と縦断面

香夏錦

果形と縦断面

早生種。ハウス栽培でより早く出回る

紅さやか

早生種で果皮、果肉とも色が濃い

果形と縦断面

ビング

果形と縦断面

輸入サクランボの主力品種

樹姿はやや直立で樹の大きさは中、樹勢は強い。枝の発生が多く花芽も多く豊産性。果実は短心臓形、大きさは6g程度で早生としては大きい。果皮は帯朱紅色から紫黒色になる。果肉の色は赤で着色はやや濃い。硬さは中、果汁は多い。

甘味は中（糖度15%程度）で酸味は少なく食味はよい。6月上旬に収穫できる早生品種で、佐藤錦の受粉樹としても適する。

ビング

米国でリパブリカンの交雑実生から育成された品種。

本品種の最大の特徴は、樹上での日持ちがよく、輸送性にすぐれていることと、熟期が揃うため収穫がいっせいにできる点にある。大粒で裂果しやすい。果形は心臓形から短心臓形。果皮色は濃赤色で完熟すると黒色に近くなる。果肉色は淡紅色で熟すと暗赤色となる。糖、酸ともに高く完熟果の食味は濃厚。

樹勢は旺盛だが、花束状短果枝の着生は多い。若木は直立するがしだいに開張してくる。ビングは輸入サクランボの主力品種であり、育成地アメリカにおいても主力品種となっている。

紅きらり

山形県園芸試験場において、レーニアとコンパクトステラの交雑により育成した品種。きわめて珍しい自家和合性の品種で、自分の花粉だけで結実する。

紅きらり

ハート形で大玉の中生種

果形と縦断面

南陽

果形と縦断面

ハート形で大玉。甘味が強い

樹姿は直立、樹の大きさは中、樹勢はやや強。果実は心臓形で8～9gと大きい。果皮の色は帯朱紅で着色はやや多。果肉はクリーム色で着色はない。硬さは中、果汁は多い。甘味はやや多く、酸味は少ない。収穫時期は、6月下旬。

南陽

山形県農業試験場置賜《おきたま》分場においてナポレオンの実生から育成された。樹勢は旺盛で、樹姿は若木のうちは直立性で樹齢が進むと開張してくる。若木時には短果枝が少なく結果するのも遅い。開花は5月上旬で、佐藤錦より2日ほど遅く、通常の栽培品種では最も遅い部類である。このことが、結実の悪さに影響している。

果実は8～10gの大玉。果形は短心臓形、果皮色は黄色地に淡紅色に着色するが、日陰にある果実は着色しにくく、そのことが難点となる。果肉は黄白色で硬い。収穫時期は、6月下旬で、佐藤錦とナポレオンの中間の時期である。

紅てまり

果形と縦断面

大玉の晩生種で日持ちがよい

月山錦

果皮、果肉とも黄色で日持ちがよい

果形と縦断面

紅てまり

山形県園芸試験場においてビックと佐藤錦の交雑により育成した品種。樹姿はやや開張、樹の大きさは中、樹勢はやや強である。果実は短心臓形で10g以上ときわめて大きい。果皮の色は帯朱紅で着色はよい。果肉は硬く日持ちよく、色はクリームで着色はない。糖度は20%以上で甘く、果汁も多い。収穫時期は、6月下旬の極晩生種。

その他

大粒で果皮が黄色地の**月山錦**《がっさんにしき》は、果肉が硬めで弾力があり日持ちもよく、糖度も高い。**おばこ錦**の果皮は深い紅色で、酸味が少なく、さっぱりした味わい。**大将錦**は平均10gの果実重で果肉は甘味があり、しっかりした歯ごたえである。**豊錦**《ゆたかにしき》は山梨県の混植園における偶発実生で、酸味が少なく甘味の強い早生種。**富士あかね**は、山梨県果樹試験場において佐藤錦と高砂の交雑により育成したオリジナル品種。早生で甘味が強く酸味もあり、濃厚な味わい。

酸果オウトウの品種

酸果オウトウ（サワーチェリー）は、酸味が強く生食には向きませんが、菓子やジャムなどの加工用として利用されます。主な品種としては次のような品種があります。

ノーススター

アメリカ原産。1果重は5~7g。糖度は15%前後。果皮、果汁とも深紅色になる。酸味は強い。山形県における収穫期は6月下旬~7月上旬頃。山梨県では6月中旬頃。

シャッテンモレロ（イングリッシュモレロ）

ドイツ原産。1果重は6~7g程度。糖度は12%前後。果皮、果汁とも深紅色になる。山形県における収穫期は7月中旬頃。

モンモレンシー

フランス原産。1果重は6~7g。糖度は13~14%前後。果皮は明るい紅色、果汁は透明~薄い紅色、酸味は強い。山形県における収穫期は6月下旬~7月上旬である。

アーリーリッチモンド

アメリカ原産。1果重は5g程度。

豊錦

早生種で果皮が鮮やかな赤色

おばこ錦

おばこ錦の果皮は深い紅色

富士あかね

富士あかねは早生種で甘味が強い

ノーススター

アメリカ原産で果皮、果肉とも深紅色

糖度は16～17%、果皮は鮮紅色、果汁は薄い紅色。山形県における収穫期は6月中～下旬である。

表1－3　サクランボの交配親和性

雌しべ＼雄しべ	高　砂 S1S6	高　砂 S1S6	ナポレオン S3S4	紅さやか S1S6	紅てまり S1S6	香夏錦 S4S6	佐藤錦 S3S6	南　陽 S3S6
高　砂 S1S6	×	○	○	○	○	×	○	○
高　砂 S1S6	○	×	○	×	×	○	○	○
ナポレオン S3S4	○	○	×	○	○	○	○	○
紅さやか S1S6	○	×	○	×	×	○	○	
紅てまり S1S6	○	×	○	×	×	○	○	
香夏錦 S4S6	×	○	○	○	○	×	○	
佐藤錦 S3S6	○	○	○	○	○	○	×	×
南　陽 S3S6	○	○	○	○	○	○	×	

メテオール

アメリカ原産。1果重は7g程度。糖度は12～13%。果皮は紅色、果汁は薄い紅色。山形県における収穫期は6月下旬～7月上旬である。

自家不和合性と受粉樹

サクランボはリンゴなどと同様に、通常は同じ品種の花粉を受粉しても受精しません。この性質を自家不和合性といいます。また、品種が異なってもお互い結実しない交雑不和合性という性質もあります。

佐藤錦は不動のトップ

さらに受精に必要な条件として交配親和性（**表1・3**）が求められ、開花期が揃っていることがあげられます。晩生種の南陽は、品種のなかで開花期が最も遅く、他の品種は開花の盛りを過ぎていることが多く、通常の年は結実が不安定になります。

サクランボは風媒花でなく、虫媒花なので、花粉が直接雌しべにつくように、受粉にはミツバチやマメコバチなどの訪花昆虫の利用や人の手による人工受粉が必要となります。

品種の系譜と育成

サクランボといえば佐藤錦というくらいサクランボを代表する品種です。20世紀最高の品種と絶賛され、生食用としては他を寄せつけない圧倒的な支持と人気を得てサクランボの王様といえる品種です。

栽培面積の増えている紅秀峰

表1－4　同一不和合グループの分類

S遺伝子型	品種名
S_1S_3	バン
S_1S_4	レーニア、大将錦、紅きらり
S_1S_6	紅さやか、紅てまり、高砂、北光、紅ゆたか
S_3S_4	ナポレオン
S_4S_6	紅秀峰、香夏錦、正光錦
S_3S_6	佐藤錦、南陽、月山錦
S_6S_9	ジャボレー

S遺伝子型が同一群内の品種同士では交雑不和合となるので、受粉樹は他群から、開花期の近い品種を選ぶ。なお、Sは自家不和合性（Self-incompatibility）を意味する

その地位はゆるぎないように見えますが佐藤錦に品種が集中したことで、サクランボの短い収穫適期に収穫しきれないという問題も出てきています。山形県では佐藤錦より大粒の晩生種の紅秀峰に主力を変えていこうという動きも出はじめています。

佐藤錦は品質が良好なことから数多くの交配親になっており、佐藤錦（S_3S_6）と不和合な品種が多い結果になっています。**表1‐4**にサクランボの同一不和合性群を示しました。

内外のサクランボ生産

国内で生産されているサクランボは、ほとんどが甘果オウトウです。しかも、ほとんどが果肉の色が白い白肉種のものに限られています。2014年（平成26年）度の日本のサクランボ生産量は1万9300tです。

トップは山形県の1万4500tで、76・3%と圧倒的なシェアとなっています。2位は北海道で7・5%、3位は山梨県で6・3%のシェアとなっています。サクランボは、夏の暑さに弱いため、北海道や東北地方など、比較的北のほうで栽培がおこなわれています。

一方、世界のサクランボ生産量は「世界の主要果実の生産概況」（2014年版、中央果実協会）によると、約22億tです。生産量の多い国はトルコ（21・5%）、アメリカ（15・4%）、イラン（7・5%）、イタリア（5・2%）スペイン（4・7%）などです。

地域別に見ると、アジアが世界の41%を占め、欧州（世界の37%）、北米（同16%）と続きます。国内ではほとんど生産されていない酸果オウトウも、世界では多く生産されています。生産量の多い国は、ロシア、ポーランド、トルコ、ドイツなどです。

適地・適品種を選ぶにあたって

気象条件と栽培適地

気温　花芽形成上、または成熟期における果実の色沢、着色、糖度の向上という点から生育期間中の気温（特に夜温）が冷涼であることが望ましいです。適地としては、年平均気温が7～12℃の比較的冷涼な地帯です。

降水量　生育期間中に雨が多いと、結実不良、枝の徒長、花芽の充実不足、病害の多発、裂果の発生などが問題となります。4～9月の生育期の雨量が600～700㎜前後で、成熟期に雨の少ない地帯が適地です。

凍霜害　サクランボの花器（雌ずい）は低温に弱く、冬季の寒さがきびしい地帯や晩霜《ばんそう》の常襲地帯での栽培は不安定となります。

風　冬季の風は寒害を招きやすくなります。また、開花中の強風は結実不良につながります。風当たりの強いところは避けるか、防風ネットを設けることが望ましいです。

地力、土壌条件

サクランボの根は過湿に弱いので、排水良好で通気性に富んだ土壌が適します。耕土が浅い場合や地下水位の高いところで栽培すると樹勢が低下して障害が発生しやすく、樹の寿命も短くなります。傾斜地であっても15度以内で土壌条件のよいところなら栽培可能です。

品種と適地

早生種は一般的に食味が中晩生種より劣りますが、生育が早まる地域では梅雨明け前に熟する早生種の栽培が有利です。樹の特性として樹高が高くなり、果実も小さいので収穫や選果に多くの労力がかかります（全労力の60～70％を占める）。経営的には他の作目と労力がかち合わないような品種を選定する必要があります。

栽培目的と適品種

サクランボの果実を生で食べることがメインであれば、甘果オウトウの佐藤錦、紅秀峰、高砂などの品種がよいでしょう。

酸果オウトウは欧米で加工用として親しまれています。酸果オウトウの果実は酸味が強く、生食の利用には向きませんが、ジャムやチェリーパイなどの加工原料として独特の風味があります。自家結実する品種が多く、樹も比較的コンパクトで病害虫にもかかりにくいので、家庭用果樹としての利用には適しています。

中国オウトウは最も簡単に栽培できます。観賞が主な目的になります。果実は軟らかく日持ちはしません。

第２章

サクランボの育て方・実らせ方

選果前の果実（紅秀峰）

育てるための三つのポイント

サクランボ栽培は他の果樹に比べて難易度はやや高いほうで、そこそこ手間がかかります。

適地、適品種を検討したうえで、受粉、摘果、整枝剪定、雨よけ対策などを適切におこなっていく必要があります。結果樹齢は3年ほどですが、ここでは育てるための三つのポイントを紹介します。

開花期のサクランボ園

受粉をスムーズに

結実の良し悪しは、開花期の天候の影響を強く受けます。実をつけるには、基本的に人工受粉をおこなって確実に結実させます。

人工受粉でより確実な受粉に

毛ばたきや受粉用梵天《ぼんてん》などを使って親和性のある品種の花粉を交互に受粉する方法と、前の年に貯蔵しておいた花粉を使って受粉する方法とがあります。年によって開花期は前後するので、人工受粉がスムーズにおこなえるように準備しておくことが重要です。

適切な摘果

花束状短果枝と呼ばれる結果枝には、花束のようにかたまって花がつきます。開花期の気象条件に恵まれ、受粉が適切におこなわれると、その一か所に5～6個、あるいはそれ以上のたくさんの実がつきます。

佐藤錦のように途中で大きくならずに萎んで落ちてしまうものが多い品種もありますが、結実しやすい品種では、そのままの数をつけておくと小玉になり、樹にたいしても負担になるので、摘果して三つ～五つほどに数を減らします。摘果は、生理落果する幼果の区別がつくようになる、花が咲いて

摘果

❶摘果前

❷摘果後

からだいたい3週間以降におこないます。

雨よけ・防鳥ネット

サクランボは、雨に弱く、実がまだ小さく緑色のうちは雨に当たっても実割れ（裂果）しませんが、実の色が緑色から黄緑色に変わり、赤く着色しはじめる頃になると雨は大敵です。赤く色づきはじめる頃は実が大きくなる時期なので、果実表面の皮（果皮）は肥大によって引っ張られています。

その時期にたくさんの雨が降ると実の表面から実のなかに水を吸い込んだり、根から吸収した水分が実に移動したりすることで実が急激に膨らむので、果皮が伸びきれなくなって破れてしまいます。果実に直接雨が当たらないように樹全体をビニールで覆ってやる必要があります。鉢植えは、実が割れやすい時期になったら雨の当たらない場所に移動しましょう。

実が赤く色づき、熟れてくるとスズメやムクドリなどが果実を食害します。これを防ぐには防鳥ネットで全体を覆う方法が有効です。

雨よけハウス

防鳥ネット

一年間の生育サイクルと作業暦

生育と栽培管理の主な年間作業は、**図2－1**のとおりです。

発芽・開花・結実期

サクランボの芽は花芽と葉芽に、それぞれ分かれています。関東では4月中旬に発芽・開花します。

結実の良し悪しは、開花期の天候が強く影響します。虫媒により受精するので、生産農家ではマメコバチやミツバチなどが使われています。小面積の栽培で受粉を確実におこなうには、毛ばたきなどによる人工受粉をおこなうのがよいでしょう。

果実肥大・成熟期

受粉・受精した果実は、三つの発育段階からなる二重S字状曲線を描いて肥大します。

細胞分裂する第Ⅰ期、核が硬化する第Ⅱ期、一つひとつの細胞の肥大によって果実が急速に大きくなる第Ⅲ期に分かれます。果実の生育期間は早生品種で40日、晩生品種でも60～90日で、他の果樹に比べて非常に短いです。収穫2週間前くらいから着色します。

着色期以降に果実付近の葉を摘むことで、日当たりが改善されて着色がよくなります。葉は養分をつくる働きがあるので、摘まずに輪ゴムで束ねる方法もあります。

サクランボは、同じ品種でも、また

主な栽培管理　（山梨県を基準）

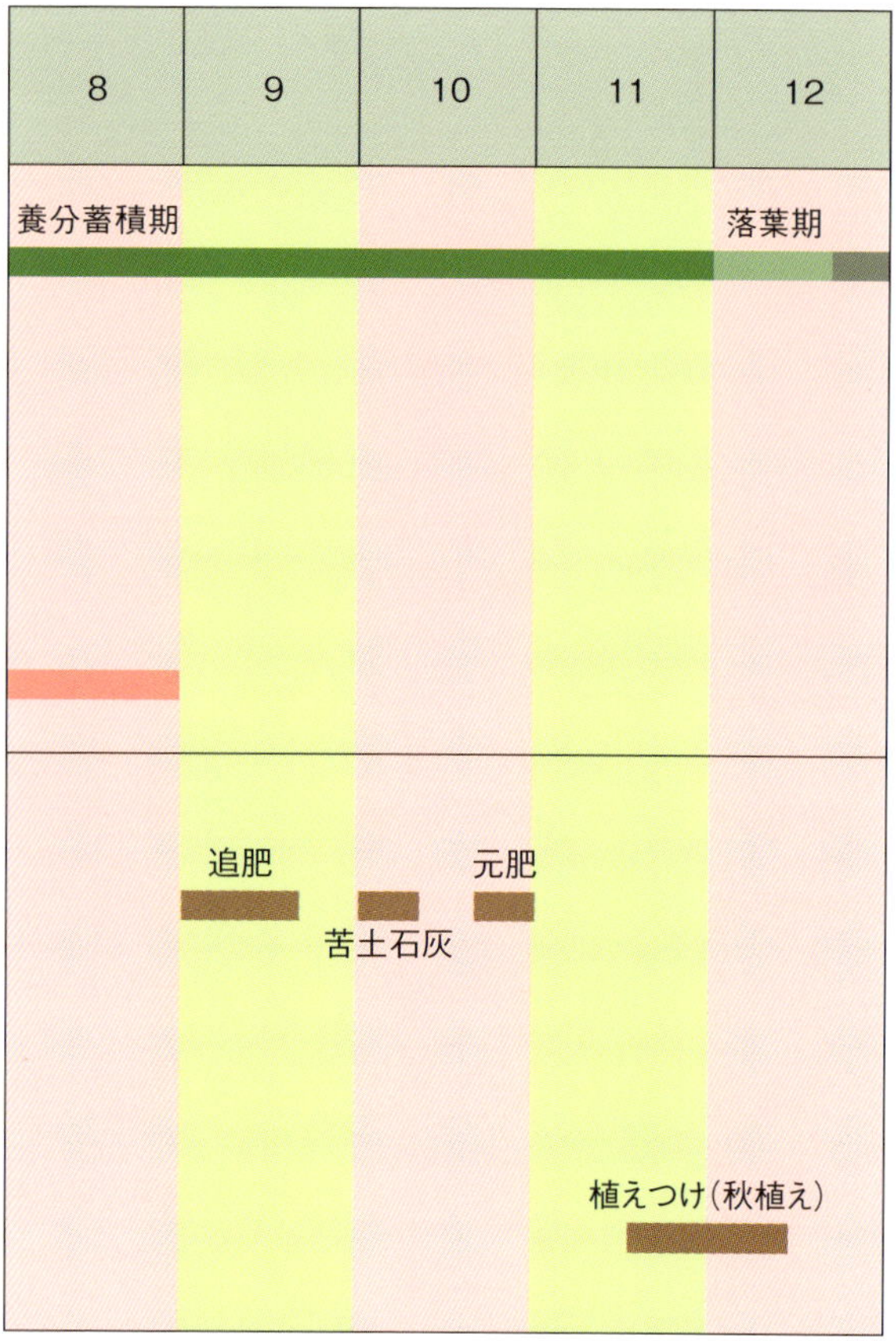

8
9
10
11
12
養分蓄積期
落葉期
追肥
苦土石灰
元肥
植えつけ（秋植え）

図２－１　サクランボの生育過程と

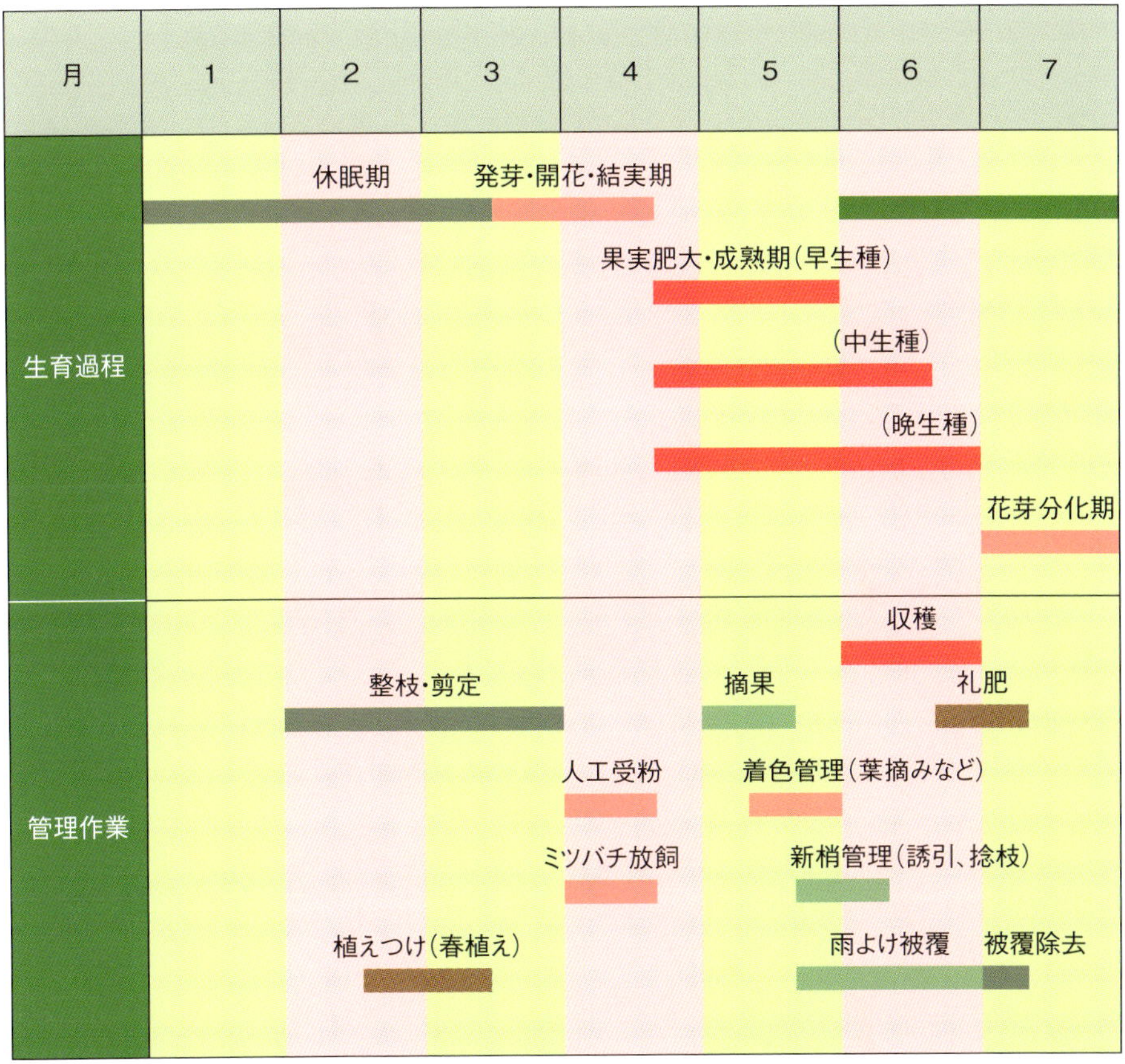

一本の樹のなかでも果実の熟度にかなりの差があります。収穫熟度に達したものから順次収穫します。収穫は数回に分けておこないます。果実は軟らかく傷つきやすいので、収穫は一つずつていねいにおこないます。

養分蓄積・休眠期

花芽分化は7～8月です。施肥、灌水、病害虫防除などによって葉を健全に保ち、花芽の充実をはかるとともに貯蔵養分を多くします。

サクランボは自発休眠を打破するための低温要求量が大きく、佐藤錦では7℃以下の低温が1500時間程度必要です。西南暖地では低温の時間が不足し、結実が不安定になります。

サクランボの生育は、開花から収穫までのほとんどを前年の貯蔵養分で賄っています。礼肥《れいごえ》は早めに施し、元肥《もとごえ》を主体とするのが一般的です。

サクランボの樹の一生と生長段階

樹齢と生長段階

サクランボの樹は、その特性から主幹形の大木になります。樹齢が進むにつれて下部の枝が優勢になります。極端な場合は、中心の枝のような太く立った枝が多くなります。特に主幹に近い部分の枝が強く伸びます。先端部の枝の比率を高くし、勢力のバランスを保つ必要があります。

また、頂部優勢が強く、枝の伸びが先端の3～4枝に集中するため、車《くるま》枝《えだ》になりやすいです。特に若木では枝が立ちやすく、徒長して花芽がつきにくいです。下がった枝は逆に弱りやすい性質があります。

若木の時期は、樹づくりに重要な時期となるので、立ち枝を早めに取り除いたり、枝を誘引して樹の骨格が開くように調整してください。成木期に入り、枝が古くなったり、太くなると切り口が癒合しにくく、枯れ込みやすくなります。

成木になってから大きな切り口をつくらないように計画的に管理します。枝が込み合って、枝に光が当たらないと、枯れ込みや芽とび（枝と枝の間隔があく）が生じやすくなります。逆行して内側に向く枝の剪除や切り詰めをおこない、樹冠内部まで均一に光を入

幼木（植えつけ２年目）

若木

結実量が増えてきた若木

老木（マザード台木の巨木）

成木（開花期）

れてください。

剪定は、強く暴れる部位を間引き、弱い部分を切り返すイメージでおこなえばよいでしょう。

幼木・若木期の特徴

幼木期・若木期は、頂部優勢で先端の勢いが強いです。また、枝が直立しやすいので、添え木や誘引により開いた骨格をつくります。これは早期に枝が広がることを促すためと、樹勢の適正化のためです。

成木（生育期）

側枝は交互に配置し、同じ位置から複数枝が発生する車枝や同じ方向に重なって枝が発生する平行枝は片方の枝を切り取って改善します。誘引を活用し、枝（主枝、亜主枝、側枝）ごとの勢力差をつけるとともに、空間を有効に利用できるように枝を配置します。

幼木時代は、骨格形成を第一に考えます。主枝や亜主枝と競合する枝は早めに処理しますが、それ以外の枝はできるだけ多く残して葉面積を確保して樹冠の拡大をはかります。

成木・老木期の特徴

上部の枝が大きくなるので、樹冠内部や下部が暗くなります。結果部位が年々先へと移動していくので枝が下垂しやすくなり、また枝が弱くなります。側枝の幅が広がり、側枝どうしが込み合ってきます。側枝は、できるだけコンパクトに保ち、骨格となる太枝の近くで維持します。

苗木の種類と選び方の基本

苗木の種類

種苗会社やホームセンターなどから購入することができます。販売されている苗木には、鉢やポット苗と畑で養成した苗木を掘り上げた素掘り苗があります。

ポット苗は落葉期だけでなく、葉が出てからも販売されています。素掘り苗の品質は、掘り上げの状態に左右されます。ていねいに掘り上げて健全な根が多ければ、植えつけ後の生育も順調に進みます。一方で、掘り上げのとき、根の多くが切り取られた状態では植えつけ後の活着も悪く、枯死することもあります。

根の養生も品質を左右する要因の一つです。根がむき出しになった苗を長時間放置すると乾燥して根が傷みます。根の部分を濡れた新聞紙や保護資材で包み、さらにその上からビニールで梱包してあれば、よい状態が保たれています。

苗木業者や園芸店で苗木を選ぶ場合は、枝があまり太くなく、節間《せっかん》（芽と芽の間隔）が詰まったもの、根の状態を確認できる場合は細かい根がたくさんあるものを選びます。

市販のポット苗

ポット苗の販売（８月中旬）

苗木は接ぎ木で繁殖したもの

適切な苗木の求め方

苗木の販売は11月頃から始まります。植える時期が春2～3月であっても、確実に入手するには苗木店に早めに注文する必要があります。春植えする場合は、庭先や畑に仮伏せしておきます。

なお、苗木は必ず2種類以上の互いに受粉できる品種を選んでください。

苗木養成圃。マルチで草を抑え、水分を管理

名札は知名度抜群の佐藤錦

育成期の苗木養成圃

早生の高砂も定番品種に

おすすめは、佐藤錦とナポレオン、早生で完熟するとジャムなどにできる紅さやか、大玉で甘味も強い紅秀峰などです。関東以南の暖かい地域では、実がつきにくいことがありますので、豊産性で実のつきやすい香夏錦、正光《せいこう》錦《にしき》を1本加えるとよいでしょう。

また、紅きらりという新品種は1本だけでも実がつく特別な品種です。チャレンジしたい方は果樹の苗木を専門に扱う業者に問い合わせてみてください。

苗木をつくる場合

苗木は、自分でつくることも可能です。佐藤錦やナポレオンといったサクランボの品種は直接挿し木しても発根しにくいので、台木用の専用品種を使います。アオバザクラは簡単に挿し木ができます。接ぎ木の活着もサクランボは比較的容易です。

苗木の植えつけ方と移植

植えつけの適期

サクランボの苗木が多く流通するのは11月下旬～2月です。植えつけには秋植えと春植えがあります。

3月になると新根が伸びはじめます。そのため、春植えは、植えつけ時期が遅くなると、出はじめた新根を切ってしまう危険性が高くなります。

一方、秋植えは土と根がよくなじんで、春先の生育がスムーズに進みます。ただし、冬の寒さがきびしい地域（凍結層ができる地域）では、春植えを選択したほうがよいでしょう。関東以南の地方では秋植えを選択します。

植えつけ（マルチに土をかけておく）

植える場所の準備

サクランボを地植えにするときは、植える場所を選ぶことが大事です。日当たりがよくて、雨が降っても水が溜まらない、水はけのよいところを選びましょう。

植える場所が決まったら、植えつける位置の土を直径60～80cm、深さ60cmくらい掘りあげます。その土に堆肥を1袋と、紙コップ1杯ほどのリン酸肥料「ようりん」と5杯ほどの苦土石灰を加えてよく混ぜます（**図2－2**）。

この植え場所の準備は、植える直前ではなく、土がなじんで落ち着くように植えつけの2～3か月前におこなうと、植えつけてから樹が沈んで深植え

図2－2　植える場所の確保

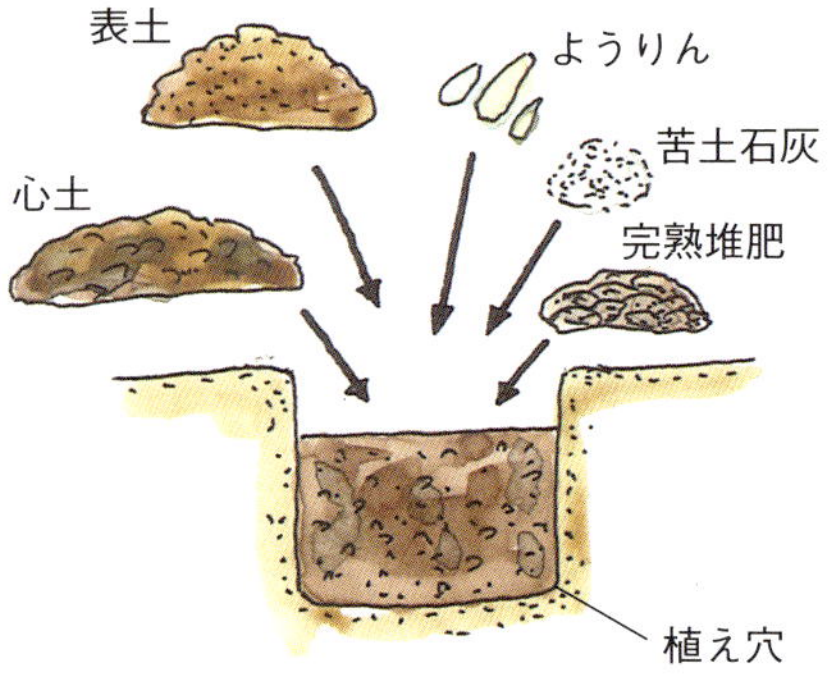
表土
ようりん
苦土石灰
心土
完熟堆肥
植え穴

図2－3　植えつけの基本

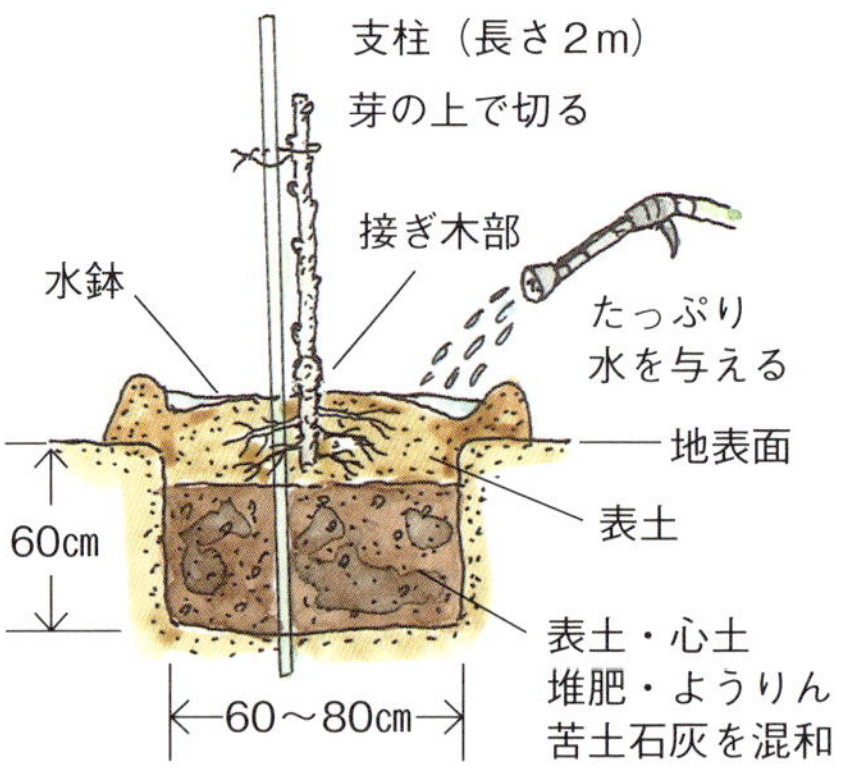
支柱（長さ2m）
芽の上で切る
接ぎ木部
水鉢
たっぷり
水を与える
地表面
表土
60cm
表土・心土
堆肥・ようりん
苦土石灰を混和
60～80cm

になりません。また、植えつけ後の生育も順調に進みます。

植えつけのポイント

直径60～80cm、深さ60cmくらいの植え穴を掘って準備します。植え穴に少し土を戻して、苗を置く位置に山状の形をつくります。

そこに苗木をのせて根が放射状に広がるようにします。土を根にかけて戻します。このとき、あまり深植えにならないように、接ぎ木の部分が地面から上に出るようにします。風で樹が動かないように支柱を必ず立てて少し緩めに結わえてください（図2・3）。

苗木の周囲に土を盛り、根と土がなじむようにたっぷり水をかけます。根もとを棒などで突き、空気を抜いて土と根をなじませます。さらに、根もとにはわらなどでマルチすると乾燥防止に役立ちます。

植えつけ後の管理

植えつけ後も根づくまでの間しばらく、毎日水をかけます（図2・4）。肥料は、最初の年だけは4月と9月

植えつけの手順

❶植え穴を掘る
❷根を四方に広げる
❸土をかけて埋め戻す
❹周囲に土を盛る
❺水をたっぷり与える
❻わらや草でマルチをする

図2－4　植えつけ後の管理

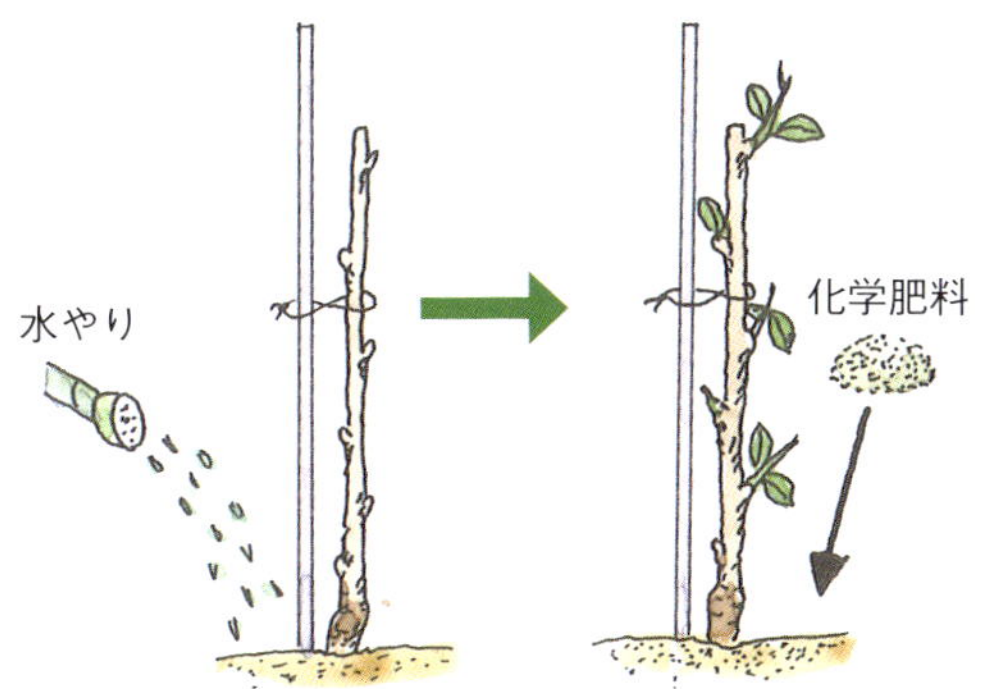

頃、2年目からは収穫後と10月の2回、2分の1~1カップほどを根もとにふります。果樹用の配合肥料を使います。基本的には窒素・リン酸・カリの配合で、リン酸が少し多めのものを選ぶとよいでしょう。

移植のポイント

サクランボは、3年生くらいまでの樹であれば、移植することができます。それ以上の古い樹になると人力での移植は容易ではなく、小型重機などを使わなければむずかしくなります。

掘り上げる際は、できるだけ広めに掘って根の切断を少なく抑えます。葉がついている時期は、葉からの水分の蒸散があるため、移植することはできません。

移植は、葉が落葉する11月中旬以降におこないます。大木や古木は厳寒期を過ぎた3月頃、植木屋などに依頼しておこなうのが無難です。

樹の仕立て方と整枝剪定

樹形と仕立て方

サクランボの仕立て方法には、大きく分けて3種類あります。まずは樹を大きくつくる「立ち木仕立て」で、もう一つは樹をコンパクトに、平面的に垂直につくる「垣根仕立て」、三つ目は平面的に水平ぎみにつくる平棚やY字形などの「棚仕立て」です。

どのような樹形を選択するかは栽培の目的や栽培できるスペースなどによります。一般的に樹形は、樹を植えてからの年数（樹齢）とともに変化していきます。植えつけから6年生くらいまでの幼木時代は主幹形で、その後は樹を切り下げた変則主幹形に、10年生以上の成木は樹を広げて遅延開心形の樹形にします（**図2-5**）。

このように目標とする樹形はいろいろありますが、植えつけたらできるだけ短い年月で果実が収穫できる樹形、毎年安定して品質のよい果実を生産できる樹形が望まれます。

また、作業しやすい樹形をつくって省力化がはかれるように、さらに安全に作業できるように樹を低くする整枝剪定を心がけてください。

開心自然形（大木）

平棚（棚仕立て）

Y字形（棚仕立て）

図2－5　サクランボの樹形とその変化

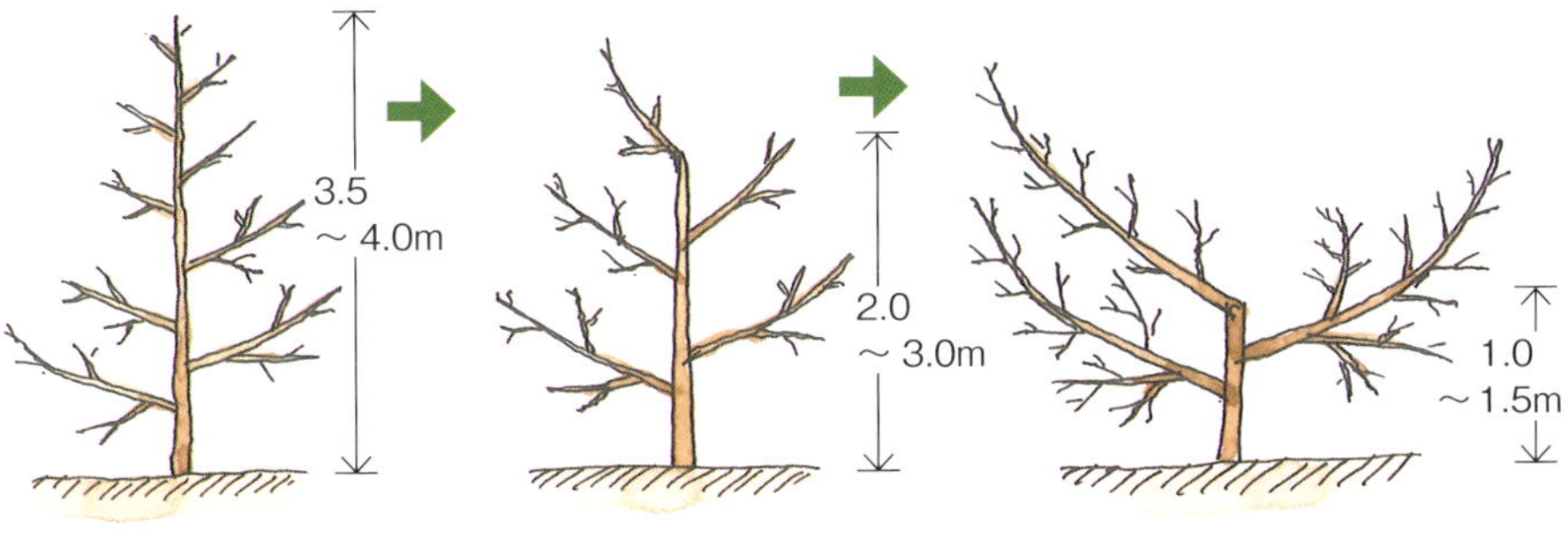

主幹形
（1～6年生）

変則主幹形
（6～10年生）

遅延開心形
（10年生以上）

立ち木仕立て

主幹形

サクランボは直立性なので、樹形は主幹形がつくりやすいです。樹形はリンゴの矮化《わいか》栽培と同じように中心の枝（主幹）に直接側枝をつくり、高さは一定に維持します。

変則主幹形

変則主幹形は主幹形から遅延開心形に移る前の樹形です。主枝となる候補の枝を育成しながら計画的に切り下げて、最終的に4～5本に主枝を制限し、樹形を構成します。

遅延開心形

直立性の強いサクランボでは、計画的に中心の枝を切り下げて、最終的に遅延開心形の樹形をつくるのが一般的です。モモのように幹の低い位置から主枝をとり、枝を引っ張って広げる開心自然形の樹形でもつくることができます。

主幹形

植えつけた苗木は、冬の剪定で強く切り詰めて新梢の発生を促します。弱いと枝の発生が少なくなります。また、5月下旬～7月上旬には先端の枝と競合する強い新梢は、基部に5～6枚の葉（3～4㎝）残して切り詰めます。これは新梢の生育に明確な序列をつけるためです（**図2-6**）。

植えつけ2年目の剪定でも、1年目と同様に先端の枝を強く切り詰めます。中心の枝は強く切り詰めます。また、側枝は極端に強い枝を取り除きますが、できるだけ誘引しながら残します。立っている側枝は勢力が強くなるので水平から30度くらいの角度になるよう誘引します。夏季剪定は、前年同様に、中心の枝と競合する強い新梢は5～6葉（3～4㎝）残して切り詰めます。

このようにして植えつけ4年目頃までには、冬の剪定と夏季剪定を併用しながら、枝の太さと大きさの序列をつけます。

植えつけ5年目頃になると、下部の側枝が込み合うので順次間引きをおこない、適当な間隔を保ちながら良好な受光態勢を維持します。

5～7年で樹形が完成し、ほぼ盛果

図2－6　主幹形の仕立て方

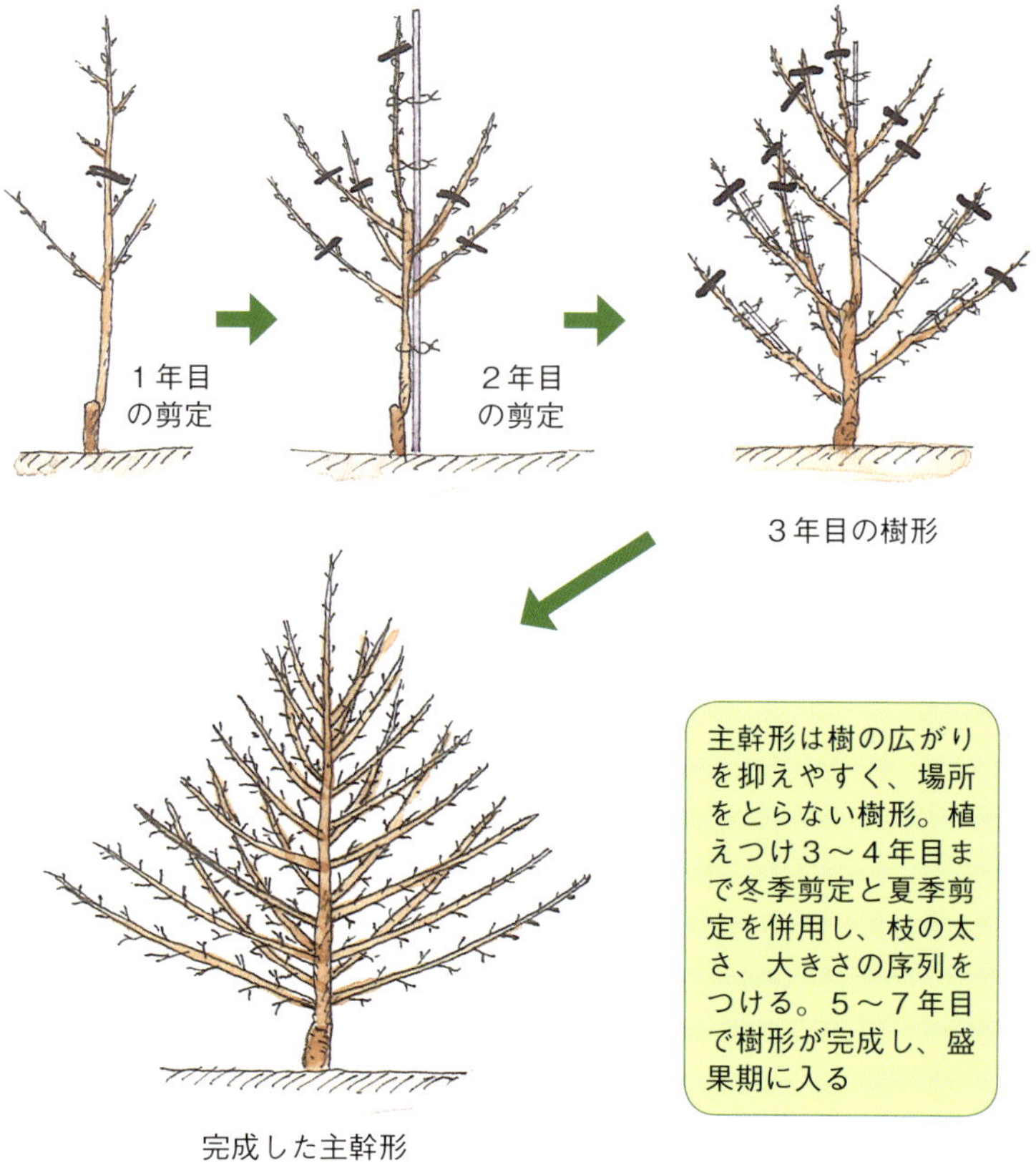
1年目の剪定
2年目の剪定
3年目の樹形
完成した主幹形
主幹形は樹の広がりを抑えやすく、場所をとらない樹形。植えつけ3～4年目まで冬季剪定と夏季剪定を併用し、枝の太さ、大きさの序列をつける。5～7年目で樹形が完成し、盛果期に入る

期に入ります。込み合っている側枝は順次間引いて20本前後に整理します。側枝下部ほど大きく、上部は小さくして、受光態勢をよくします。

主幹形は、先端の勢力が優勢になる性質によって、樹の広がりを小さく抑えやすい樹形です。バランスを取るために側枝を大きくしないよう維持します。樹形維持は、下枝の側枝ほど上下の間隔を開け、上部の側枝は短く小さく保持します。樹全体を円錐形に仕上げます。

主幹形

垣根仕立て

垣根仕立ては樹をコンパクトにするため、人工整枝によるもので主幹を斜めに仕立てるダイヤモンド形などのタイプがありますが、ここでは最も一般的におこなわれている垂直の垣根仕立て（図2-7）を紹介します。

1年目

苗木を植えつけ、1段目の支線より10cm下で切ります。先端付近から新梢が3～4本発生します。最先端の新梢は、上方向にそのまま伸ばします。2本の新梢は支線誘引して左右に伸ばして側枝にします。

冬季剪定で新梢を切り詰めます。上方向に伸びる延長枝の剪定は新梢の伸び方によって変わります。3段目を超えていれば3段目の下5～10cmで、3段目に達していなければ2段目の下10cmで切ります。横方向に誘引した新梢は軽く切り詰めます。

垣根仕立て

2年目

2年目以降も1年目に準じて管理し、2段目の側枝をつくります。1段目の側枝は先端を水平誘引し拡大をはかります。1年目の部分から発生する新梢はすべて5～6葉で摘心します。摘心して残った新梢の基部が、翌年の結果枝となります。

3年目

新たに3段目、4段目の側枝をつく

ります。1段目、2段目の側枝は2mまで延長します。側枝から発生した新梢は摘心して結果枝をつくります。

4年目

5段目の側枝を新たにつくり、3段目、4段目の側枝を延長します。

図2－7　垣根仕立てのポイント

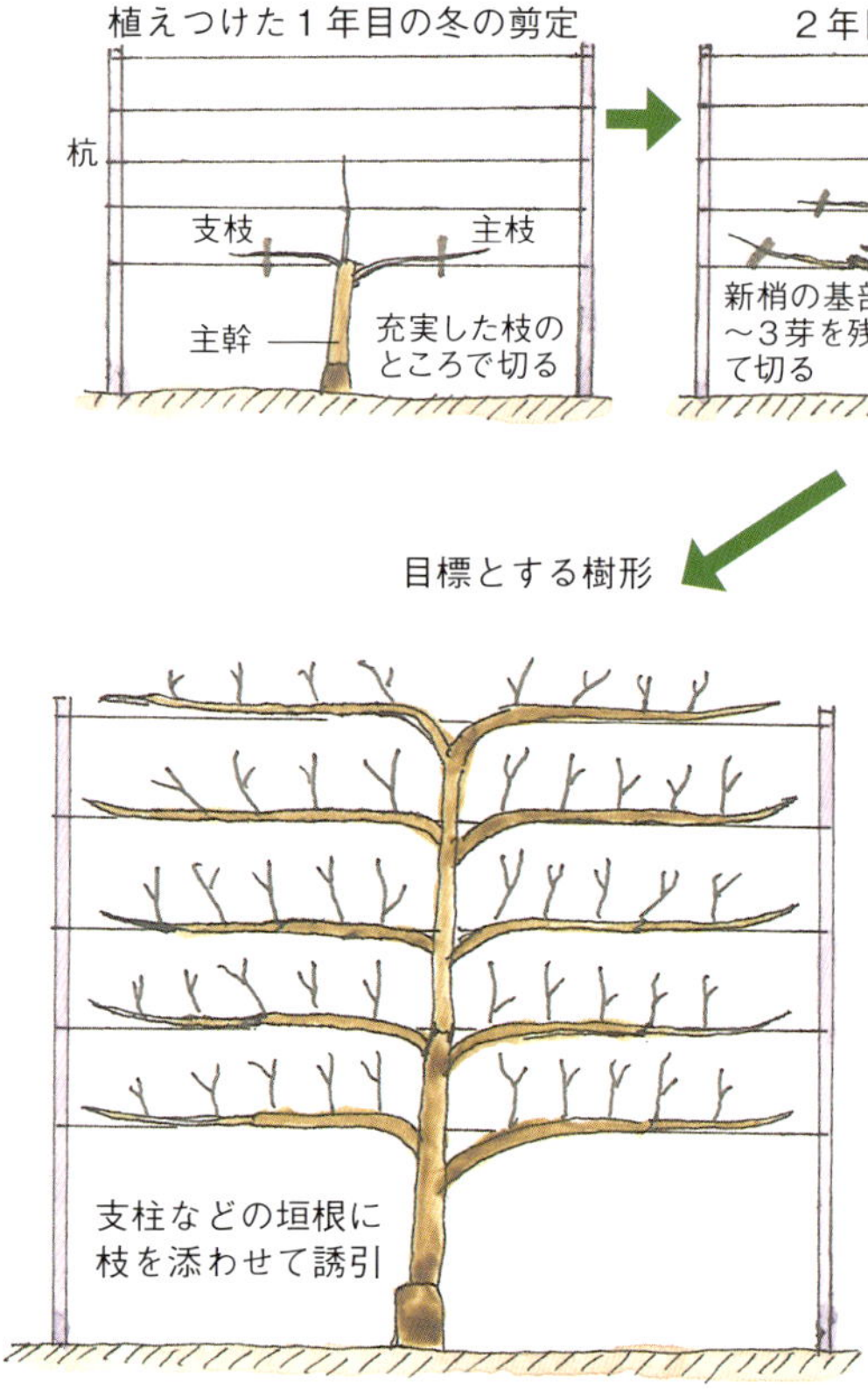
植えつけた1年目の冬の剪定
杭
支枝
主枝
主幹
充実した枝のところで切る
2年目の冬の剪定
新梢
新梢の基部2～3芽を残して切る
下部の新梢はすべて切る
目標とする樹形
支柱などの垣根に枝を添わせて誘引

5年目

目標とする樹形がほぼ完成します。結果枝は積み重ねが多くなると厚みができてしまうので、古くなった結果枝は5年を目安に切り返して更新します。

剪定の目的と時期

剪定の目的は、第一に目標とする樹形を形成することにあります。日当たりの悪い部分は、花芽が衰弱し、はげ上がりやすいので、剪定によって樹冠内部の採光条件を良好にします。また、枝ごとの勢力バランスを剪定によって保ちます。

さらに、作業しやすいような枝の配置にし、作業性をよくすることなどがあげられます。その結果として、早期に結実し、安定して品質のよい果実を生産できる樹をつくることができます。

厳冬期の低温と乾燥による枯れ込みを防ぐために、2～3月に剪定します。

間引き・切り返し剪定

剪定には、枝をその途中で切る切り返し剪定と枝の分岐部から全部切り取る間引き剪定があります。間引き剪定をすると、枝の勢力は落ち着き、結実が多くなります。切り返し剪定では枝の勢力が強くなり、枝は立ちやすくなります（図2－8）。

除去したい枝

日当たりのよい樹をつくるため、込み合っている枝は整理します。太枝の場合は下部の太枝を活かすようにして上部の大きい枝から整理します。平行して重なっている側枝は、光線が下部に通らなくなるので思い切って整理しましょう（図2－9）。

側枝が古くなり結果枝が弱くなってくると、花芽が小さくなり、充実が悪く品質のよい果実が取れなくなります。果実を多く収穫するには古くなった側枝を更新したり、花束状短果枝がついた枝は強く切り返し、花束状短果枝が伸びはじめるよう若返りをはかりましょう。

図2－8　間引き剪定と切り返し剪定

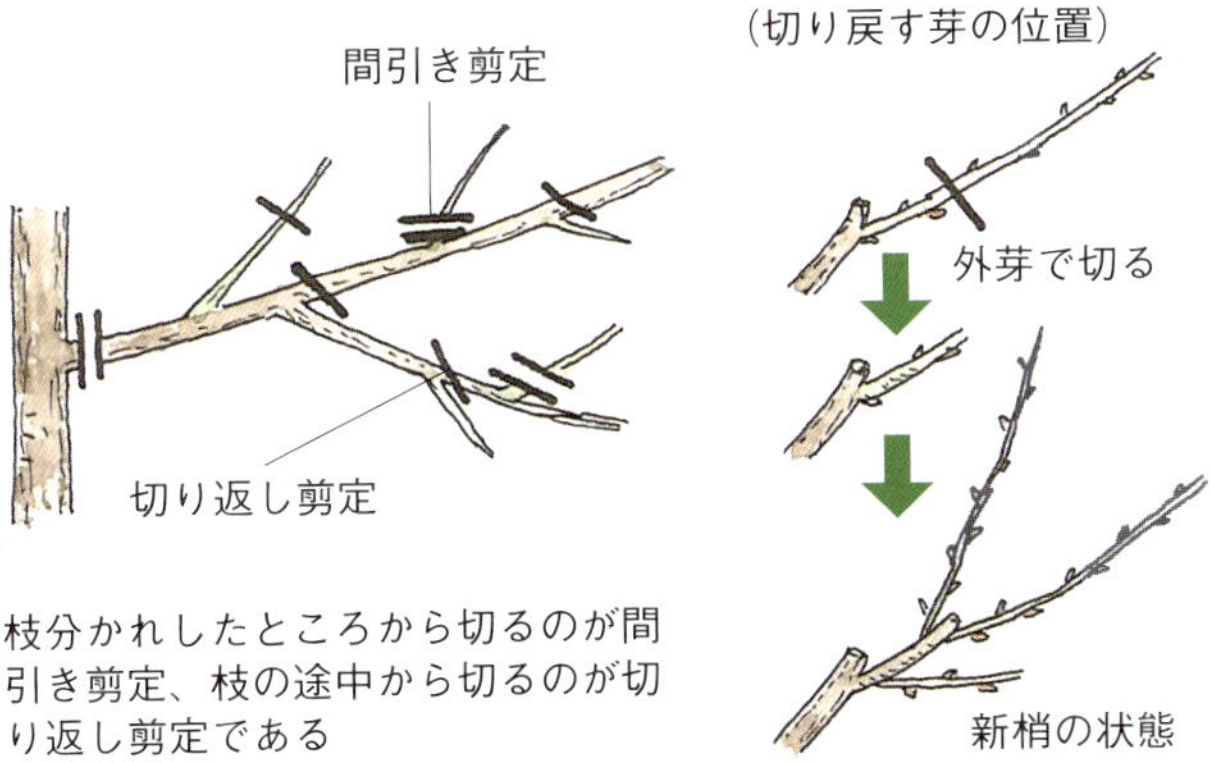

間引き剪定
切り返し剪定
（切り戻す芽の位置）
外芽で切る
新梢の状態

枝分かれしたところから切るのが間引き剪定、枝の途中から切るのが切り返し剪定である

図2－9　除去したい枝の種類

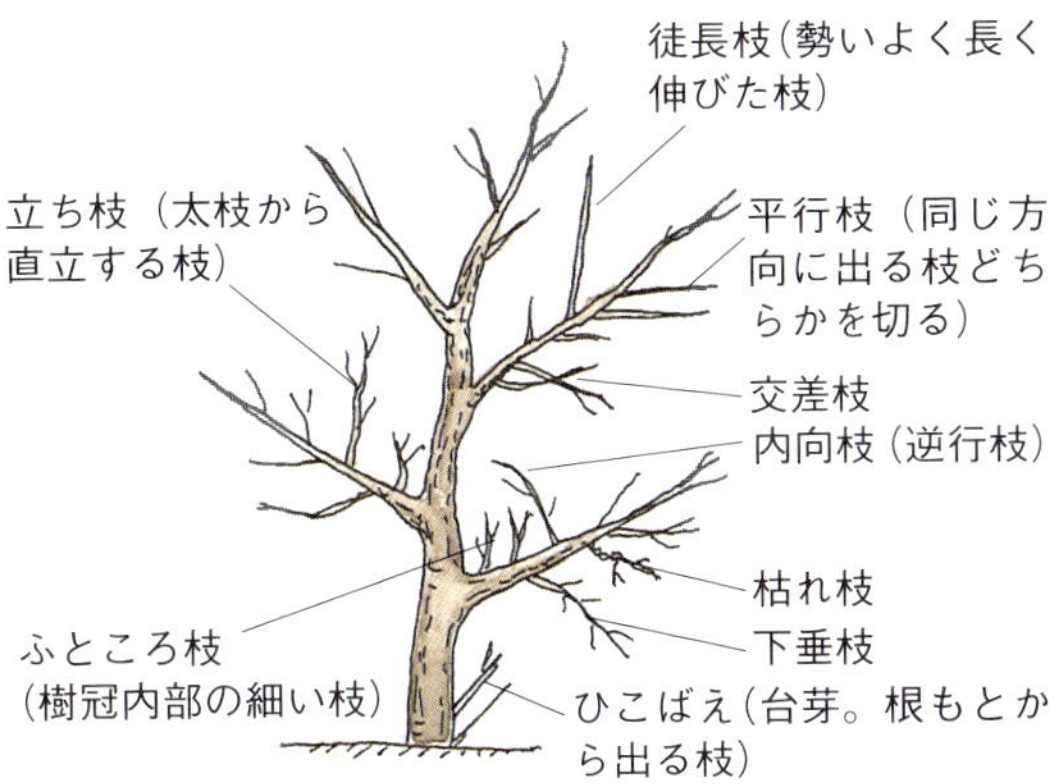

徒長枝（勢いよく長く伸びた枝）
立ち枝（太枝から直立する枝）
平行枝（同じ方向に出る枝どちらかを切る）
交差枝
内向枝（逆行枝）
枯れ枝
下垂枝
ふところ枝（樹冠内部の細い枝）
ひこばえ（台芽。根もとから出る枝）

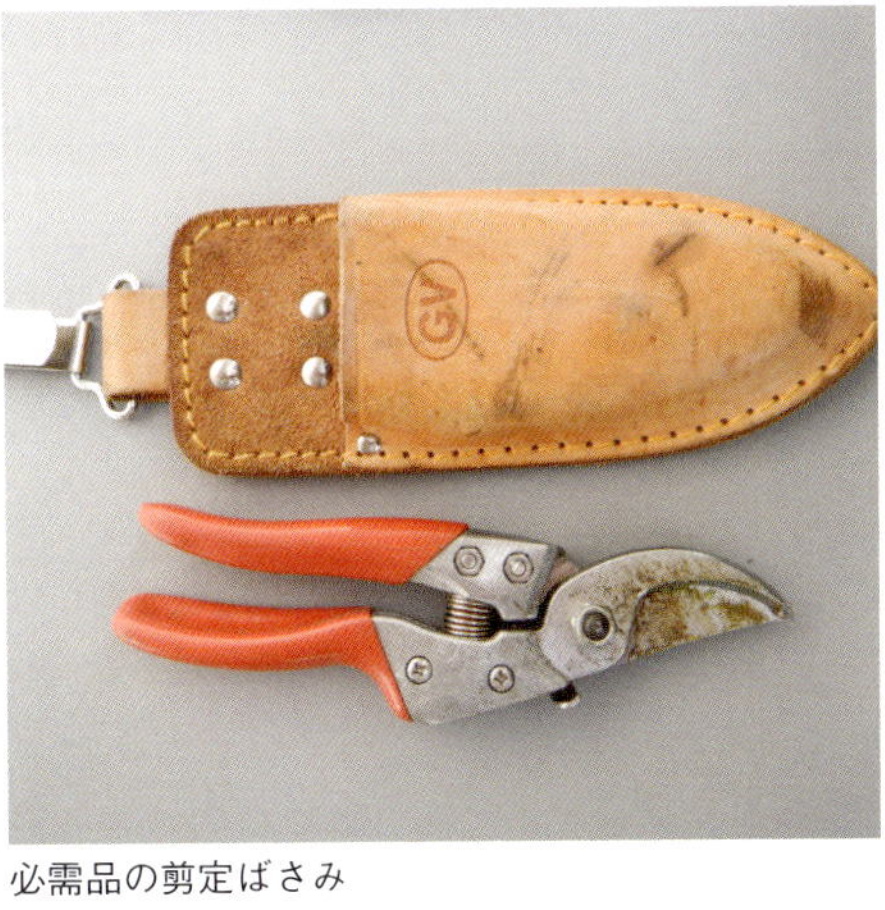

必需品の剪定ばさみ

冬季剪定

剪定には作業しやすい樹形をつくるなどいろいろな目的があります。なかでも樹勢調節の役割が大きいです。

冬季剪定の場合、剪定により枝（芽数）が少なくなると、1芽当たりに配分される貯蔵養分や吸収された養水分の量が多くなります。その結果、発生してくる新梢は旺盛に伸びて樹勢が強くなります。

夏季剪定

❶剪定前

❷剪定後

徒長的な枝

徒長的な枝も剪定する

新梢

旺盛に伸びる新梢は先端以外を剪除

このように冬季剪定は樹勢に与える影響が大きいので、樹勢が強い樹では剪定量を少なく、逆に樹勢の弱い樹では剪定量を多くします。

夏季剪定

夏季剪定は、強い樹勢における樹形確立や花芽形成の促進、花芽の充実などに役立ちます。

徒長的な生育の新梢を剪除します。強勢な樹だけ実施し、樹勢の弱い樹ではおこなわないようにします。

また、過度に新梢を整理すると樹勢低下を招くので注意します。また、枝の日焼けを防止するために、太枝の背面には適度に新梢を残すよう心がけましょう。

5～6月には新梢が旺盛に伸びるので、先端の枝と競合する強い新梢は、短く切ります。枝を捻って（捻枝）勢力を抑える方法もあります。

庭先などでの小さな仕立て方

夏季剪定の技術が必須

コンパクトな仕立てに欠かすことのできない技術として夏季剪定があります。夏季剪定には、もう一つ花芽のつきをよくする働きもあります。

サクランボは寒い地域に適する寒冷地果樹に分類されるので、関東以南では枝が徒長的に伸びて花芽がつきにくい性質があります。これを補うのが夏季剪定です。夏季剪定の技術を上手に使うことが成功への鍵となります。

コンパクトな垣根仕立て

庭先などの狭いスペースでは、コンパクトな垣根仕立てによる栽培が可能です（**図２・10**）。

１２０～１５０cmほどに伸びた苗木であれば、30～50cm切り詰めます。オウトウの特性として先端の3～4芽だけが強く伸びる性質があります。２月下旬から3月上旬にすべての芽に芽傷（樹の幹に近いほうの枝に傷をつける）を入れることで先端から基部まで、全体から均一な発芽を促します。

伸びた新梢は5月下旬～6月上旬に5～6cmの長さで切ると、残った部分に花芽が形成され翌年の結果枝になります。切ることによって、切り残した新梢の基部に花芽が形成されることを促します。結果部位は、数年すると積み重なり大きくなるので、適宜小さく切り詰めます。

図２－10　コンパクトな垣根仕立て

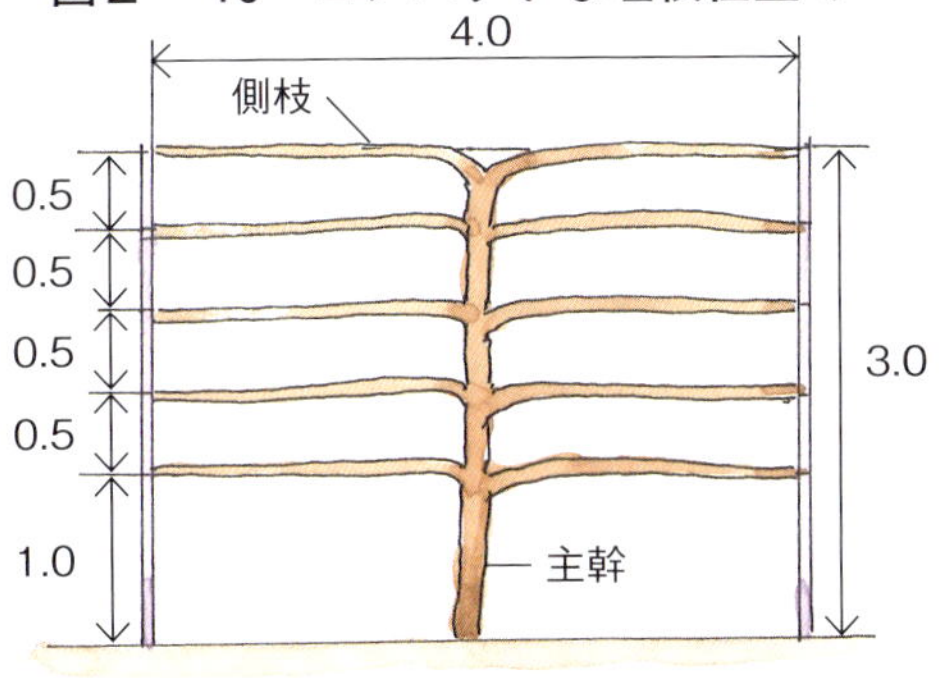

注：単位m。水平型パルメット整枝（水平に張った支線に側枝を誘引し、地面と直角に平面的な枝の配置をおこなう樹形）による

樹づくりの手順

骨格形成と誘引

サクランボ特有の性質で、前年伸びた枝の先端3～4芽だけが旺盛に伸びます。先端以外からも新梢は発生しま

骨格の側枝（横枝）は先端を上げぎみにし、支線と水平に誘引

すが、発生したり、しなかったり、確実ではありません。そのため、側枝をつくる高さ（誘引のための支線の張ってある位置）で、冬季剪定や夏季の摘心で、そのつど切るのが最も確実な方法です。

伸びた3〜4本の新梢のうち、先端はそのまま上方向に伸ばし、2番目、3番目の位置から発生した新梢は支線に誘引して側枝をつくります。このとき、新梢を完全に水平誘引すると、先端の伸びが弱くなるので、先端は少し上げておくことがポイントです。

誘引

❶誘引前　❷誘引後

図２－11　支線にたいする側枝の発生位置パターンとその後の生育

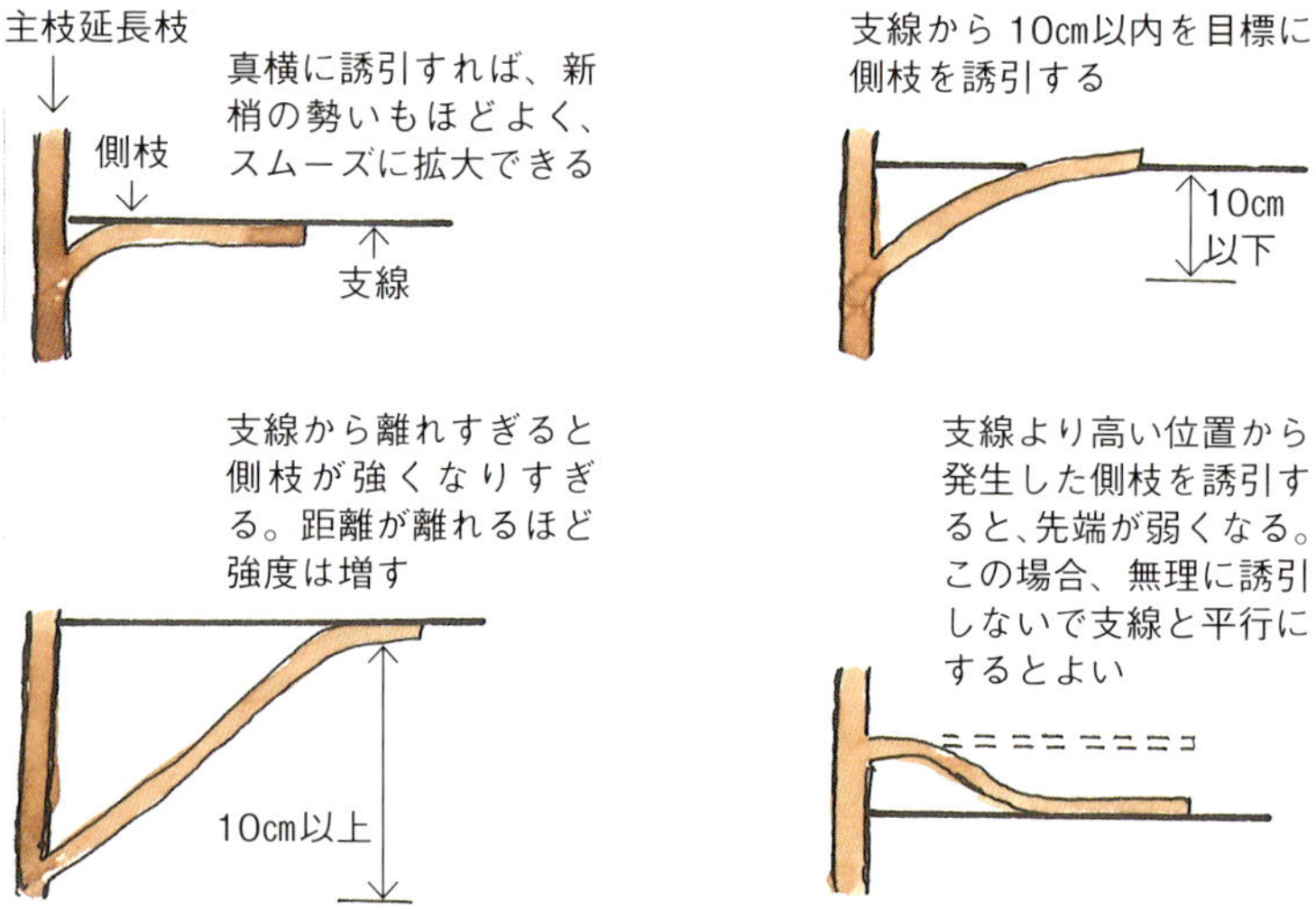

主枝延長枝
側枝
支線
真横に誘引すれば、新梢の勢いもほどよく、スムーズに拡大できる
支線から10cm以内を目標に側枝を誘引する
10cm以下
支線から離れすぎると側枝が強くなりすぎる。距離が離れるほど強度は増す
10cm以上
支線より高い位置から発生した側枝を誘引すると、先端が弱くなる。この場合、無理に誘引しないで支線と平行にするとよい

側枝の発生位置

骨格を形成するうえで、誘引する支線にたいする側枝の発生位置は、その後の管理に影響するので注意が必要です。発生位置には次の4パターンがあります（**図2-11**）。

- 真横に誘引すれば、新梢の勢いもほどよく、スムーズに拡大できます。
- 支線から10cmくらいまでが誘引の許容範囲です。
- 支線から遠く離れると側枝が強くなります。
- 支線より高い位置から

剪定

❶剪定前

❷剪定後

結果部位。水平枝に垂直に立つ

発生した新梢を支線に誘引すると先端が弱くなります。

結果枝をつくる

側枝をつくった翌年には、側枝上から新梢が多数発生します。この新梢を夏季剪定して花芽形成を促し、翌年の結果枝とします。夏季剪定は5月下旬～6月上旬に新梢の基部5㎝を残して切ることによって良好な結果枝ができます。花芽形成を促進するには、夏季剪定の時期と切り詰める程度がポイントとなります。

ただし、夏季剪定をする時期（5月下旬）までに1ｍを超えるほど旺盛に伸長する新梢は、1回の夏季剪定だけでは花芽が形成されにくいので、9月に夏季剪定を加えて勢力を抑えながら、2年目に結果枝をつくります。

結果枝の更新

つくった結果枝から、翌年さらに新梢が発生して結果枝が積み重なります。写真のような生産性の高い結果枝群が完成します。この部分によく日が当たるように管理して5年ほど使用します。

完成した結果枝群は3年以上経過すると、結果枝の積み重ねが大きくなり、側枝からの膨らみが大きくなります。そうなるとしだいに日当たりが悪くなり、側枝がはげ上がったり太くなりすぎて更新しにくくなります。

3年目以降は、大きな結果枝から随時更新し、長期にわたって生産が持続できるように管理します。

ポットチェリーをつくる

花束状短果枝がついた2年枝以上の枝を入手できれば、花芽がついたポットチェリーをつくることができます。

普通、サクランボは接ぎ木して1年生の苗木を植えつけると収穫までに3～5年かかってしまいます。それを花束状短果枝がついた枝を接ぎ木すると、接ぎ木わずか1年目でサクランボの実つき鉢植え（ポットチェリー）をつくることができます。

接ぎ木に高い技術が必要ではありますが、室内に飾ることができます（**図2-12**）。鉢植えで花束状短果枝のついた枝を入手できる方は、ぜひチェレンジしてみてください。

ポットチェリー（山形県寒河江市）

花芽接ぎでつくる

花芽接ぎは充実した花芽のついた枝を穂木として接ぎ木し、結実確保をはかる技術です。

図2－12　台木に割り接ぎをする

花束状短果枝のついた枝を穂木にする

ポット植えし、あらかじめ加温して根が活動しはじめた台木にじゅうぶんな低温を受けた穂木を接ぎ木します。

接ぎ木は割り接ぎでおこないますが、花芽のついた接ぎ穂は堅いので花芽を落とさないよう注意してください。接ぎ穂が苗木づくりの場合より大きいので、接ぎ木用テープでしっかり固定します。

ポットチェリーのつくり方について

は、86頁で具体的に紹介します。

鉢植えの一本仕立て

この仕立ての樹づくりでは、中心の枝に直接結果枝（実のなる枝）をつけます。植えつけた苗木にたいして2月下旬～3月上旬の時期に芽傷を入れて新梢の発芽を促します。芽傷を入れなければ新梢の発生数が少なく、葉芽は次の年に花束状短果枝になります。

植えつけ1年目は、先端枝以外の新梢は5月下旬に5cmほどの長さですべて摘心します。ただし、強めの新梢はそれよりも早い時期に摘心してください。

2年目以降も先端の新梢は、目標の高さになるまで切らずに、そのままにし、先端枝以外の新梢は5月下旬に5cmほどの長さですべて摘心します。3年目以降、目標の高さに達したら、先端の新梢も夏季剪定して結果枝をつくります。

一本仕立ての鉢植え

芽傷で樹形をつくる

サクランボは、頂部優勢（先端の勢力が強い）という性質が強く、新梢の発生が先端の3～4芽に集中します。

樹液の流動（水揚げ）前に芽傷処理をすることで、新梢の発生が先端に片寄らずに、枝全体から発生して均一化します。この状態だと、垣根仕立てをはじめ、コンパクトな樹づくりを自在におこなうことができます。

なお、芽傷の処理適期は2月下旬～3月上旬。芽の上5㎜ほどのところに薄刃のこぎりで表皮を切るように芽傷を入れることで、新梢の伸長を促進できます。

芽傷処理

❶芽の5㎜上でのこぎりをひく

❷表皮を切るようにしてできた芽傷

❸芽傷処理によって新梢伸長が促進される

雨よけ施設の必要性とタイプ

雨よけ施設が必要な理由

日本では、果実の成熟期が梅雨期と重なり、収穫前に実割れが発生しがちです。

収穫を安定させるためには実割れの防止はもちろん、病害の防除、鳥害防止なども重要となります。その対策として、雨よけハウス、テントの設置に高い効果があります。雨よけ栽培では、収穫時期は露地と変わりません。

古くは、一本ごとに雨よけテントを設置して実割れを防いでいました。テントの開閉に手間がかかるので、現在では園全体を覆う連棟型の雨よけハウスが普及しています。

雨よけ施設

テント式とハウス型の雨よけ施設群

ハウス型の雨よけ施設

当初、雨よけ施設として普及したのは屋根型の開閉式でしたが、重さのある鉄製で設置するのに危険が伴ったり、一樹ごとに開閉したりするので手間がかかったりすることもあり、固定したパイプ式のものが主流になってきたのです。

アーチパイプなどで枠を組んで、樹体をビニールで被覆する方式です。被覆は裂果が発生する時期だけに限定し、できるだけ短期間の被覆とします。

着色が始まり梅雨の時期に入ったら被覆をおこない、収穫後はすみやかに除去します。樹の上部は日中高温にな

裂果

雨よけ施設の天井

連棟型の雨よけ施設

りやすく、着色不良やウルミ果が発生しやすいからです。雨が入らない程度に開放して通風をよくします。

なお、パイプを生かしたハウス型の雨よけ施設には、屋根がかまぼこ型になっているもの、天井に通気口を取りつけたもの、サイドからアーチまで1本のパイプでつくったものなどがあります（図2-13）。

図2－13　ハウス型の雨よけ施設いろいろ

梅雨の時期に実割れしにくいが、高温になりやすい（2段アーチ）

梅雨の実割れが出やすいが、高温になりにくい

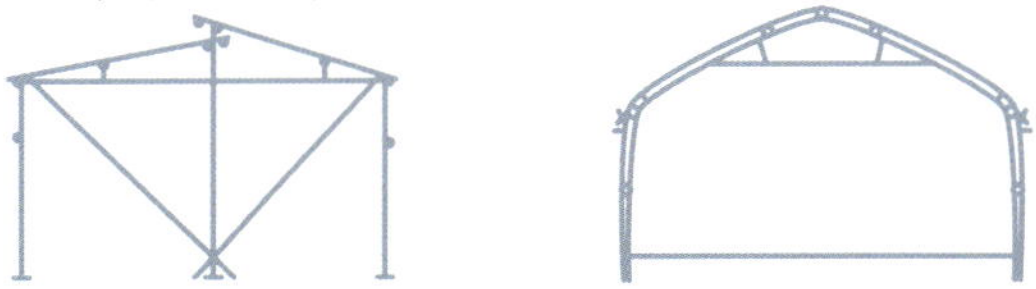

通気性がよいが、費用がかかる

サイドからアーチまで1本のパイプでつくられ、中支柱が不用

出典：『オウトウの作業便利帳』佐竹正行・矢野和男著（農文協）

テント式の雨よけ施設

樹1本ごとにテントを設置します。降雨のときにテントを開きます。さまざまなタイプ（図2-14）がありますが、晴天時にはテントを開けて、よく日を当てます。

防鳥ネット

パイプで組んだ雨よけ施設

換気できるようになっている天井

テントは樹ごとに施設を用意しなければならず、手間がかかります。また簡易的な施設なので、耐風性に劣る欠点があります。

被覆の時期と除去

被覆のポイント

最も実割れしやすい着色が始まる時期より前に、被覆のビニールをかけます。また同時にスズメやムクドリによる鳥害の被害も出やすい時期となりますので、併せて防鳥ネットで覆う作業もおこないます。

被覆期間は3～4週間にとどめて長

図2－14　テント式の雨よけ施設

雨天
晴天
①テント型
②カーテン型
③落下傘型
④風呂敷包み型

注：香山武司原図

組み立て式の簡易雨よけ施設

テントを張った雨よけ施設

図２－15　簡易雨よけ施設

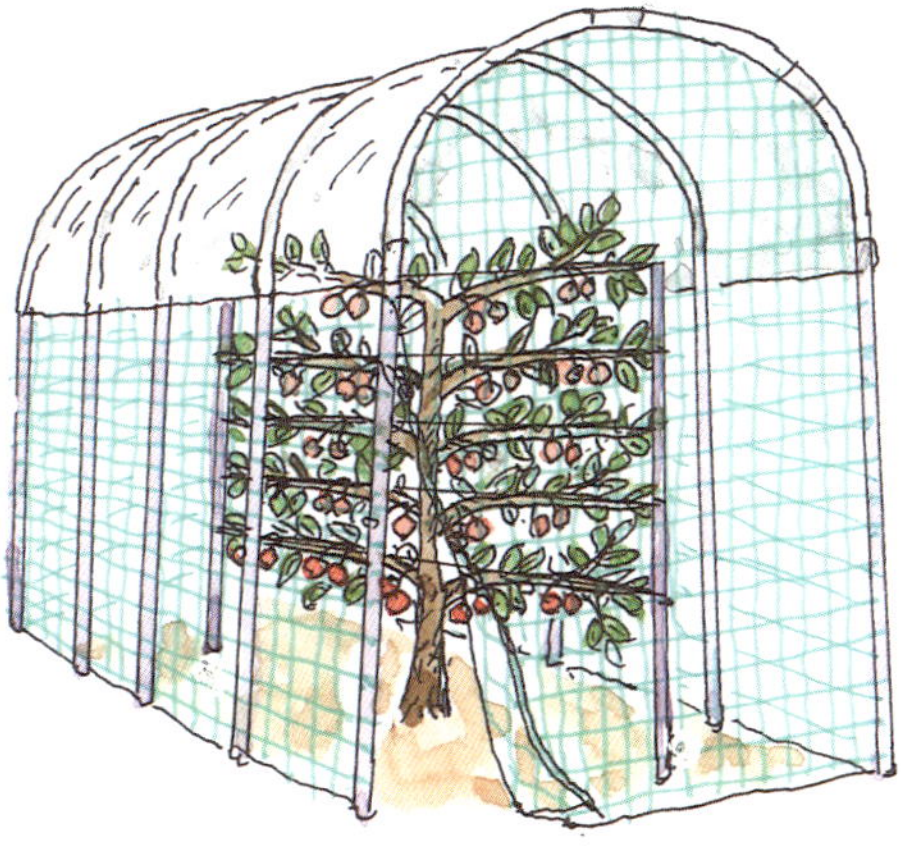

庭先栽培のコンパクトな垣根仕立てでは、組み立てが簡単な雨よけ施設を生かすことができる

簡易な防鳥ネット

期間の被覆は避けてください。長期間被覆すると、高温障害やダニの発生が多くなります。また、雨よけ施設側面の被覆は、高温障害を防止するために、側面の高さの最上部から$1/3$以内にとどめます。

簡易雨よけ施設

なお、41頁、45頁で紹介した垣根仕立ての栽培、もしくは鉢・コンテナ栽培であれば、家庭菜園用に必要な部材がセットになった「セキスイ雨よけワイド」なども利用できます。従来のアーチ型の菜園用の雨よけ施設より大型で、強度・耐久性もあります。必要な部材はすべてセットになっており、組み立ても簡単です。防鳥ネットを併用すれば、サクランボ栽培での使用にもじゅうぶん対応できます（**図２‐15**）。

適切な受粉で結実を確保

発芽から開花・結実へ

サクランボの芽には花芽と葉芽があり、ふつう4月上旬から中旬に発芽、開花します。花芽は純正花芽で一つの花芽に2～4個の花をつけ、1年生枝の先端部の葉芽が強く伸びます。

結実の良し悪しは、開花期の天候の影響を受けます。受粉を確実にするためには、専用の羽毛棒（梵天）を使って人工受粉をおこないます。

大きな羽毛棒での受粉作業

結実と受粉樹

サクランボには自家不和合性の品種が多く、1品種だけ植えたのでは結実しません。また、特定の品種の組み合わせでは結実しない交雑不和合性も併せ持っています。

そのため、安定した生産のためには、和合性の適合する受粉樹の混植、訪花昆虫の利用、人工受粉などをおこなう必要があります。

また、受精の良否は栄養条件によっても影響されるので、樹体を適正樹相で健全に維持して、効率よく受精できるようにします。

結実上の問題点

受粉樹の不足

受粉樹とする品種の混植割合は30％以上が望ましいです。通常、開花期が近い品種であっても、年によっては開花期のずれが大きくなる場合もあります。これを考慮して、受粉樹の品種数はやや多めに確保します。

受粉樹選定

受粉樹として、主要品種に適合する交雑和合であるものを選びます。また、開花期がやや早い品種、あるいはほぼ一致する品種を選びます。

花芽の不足

強い樹勢や病害虫被害などによる早

温度が高いほど花粉管の伸長速度は速い

花摘み適期の花粉採取作業

期落葉は花芽不足につながります。密植すると結実不良になりやすいので、健全な樹づくりをおこない、樹園全体を明るく維持する管理が必要です。

凍霜害

サクランボの開花期は、開花してから、あるいは開花前の蕾のときに低温障害を受けやすいです。特に雌しべが凍霜害を受けやすく、蕾が膨らみはじめた頃に、マイナス5℃以下の低温にあうと、柱頭が凍害を受け、開花しても柱頭としての役割を果たさないものもあります。

また、開花中もマイナス2℃以下の低温にあうと凍害を受けます。凍霜害対策をじゅうぶんにし、被害を受けても受粉をていねいにおこない、結実の安定に努めてください。

枝に吊るした傘に効率的に花を集める

開花時の天候不順

開花期間中、降雨にあうと、訪花昆虫の飛来数が少なくなるため、結実が悪くなります。また風が強い場合も同様です。

花粉が雌しべについてからの花粉管の伸長は温度に左右されやすく、条件が悪いと不受精（結実不良）につながります。

5～20℃の範囲では温度が高いほど花粉管の伸長速度は速くなりますが、20℃を超え、高温になると花粉発芽率が低下することが知られています。花粉管が子房に達するまでの時間は、20℃では24時間程度かかります。開花期間中に低温が予想される場合は、人工受粉をていねいに回数多くおこなって下さい。

訪花昆虫の利用

サクランボは自家不和合性の品種が多いため、結実確保には親和性のある他品種の受粉が必要です。花粉の媒介は訪花昆虫がおこないますが、最近この昆虫数が減少し、結実への影響が大きくなっています。このような園では花粉媒介昆虫を放飼して、結実率を高める必要があります。

花粉媒介昆虫で、積極的に利用でき

るものはマメコバチやミツバチ、マルハナバチなどです。利用効率を高めるため、園内放飼にあたっては飛来しやすい、よい環境をつくる必要があります。生産農家では、これらの訪花昆虫を利用しています。

人工受粉

開花時に天候不順が続く場合は、訪花昆虫の活動が低下します。このような場合には人工受粉が効果的なので、貯蔵花粉を使った人工受粉に重点を置いて受粉します。

マルハナバチと巣箱

マルハナバチの訪花

受粉用のミツバチの巣箱

羽毛棒による交互受粉

開花から1日くらい経つと雄しべの先端についている葯から黄色い粉状の花粉が出てきます。受粉用の羽毛棒（梵天）を使って受粉します。最初にどれか一つの品種の咲いた花をなでてまわります。

梵天の先についた羽毛が少し黄色くなったら、今度は別の親和性のある花を同じようになでてまわります。

この作業を花が咲き終わるまで1日置きくらいで繰り返します。樹が大きい場合には小さな梵天の代わりに、本格的な毛ばたきを使うと効率的に作業できます。

羽毛棒（左）と耳かき

交互受粉は、受粉させたい品種（複数）の花粉を羽毛棒や毛ばたきで交互に擦って付着させる簡易的な方法ですが、異なる品種の開花期がうまく合わないと作業できません。

回数は一般に五分咲きの頃と満開期の2回おこないますが、開花期は年によってずれるので、交互受粉のみに頼った受粉はリスクを伴います。

採取花粉を用いた受粉

受粉用の花粉を取っておけば、開花期の早晩に関係なく安定して受粉することができます。また、花粉を貯蔵しておけば、開花期に訪花昆虫の活動ができない条件であっても確実な作業ができます。

受粉の方法は、採取・貯蔵しておいた花粉をじかに羽毛棒などで雌しべに軽くなでるようにしてつけます。柱頭に花粉が付着して発芽し、花柱に花粉管を伸ばして受精が完了します。

受精は天候（特に温度）によって左右されるので、低温の場合は受粉の回数を増やす必要があります。

花粉の採取・貯蔵

花粉は風船状に膨らんだ花から採取します。小量であれば、ざるや金網のふるいに擦りつけて葯を落とします。また、室温で一日ほど置くと開葯し、葯から花粉が出てきます。一定以上の量の場合は採葯器にかけ、葯を採取します。

小量を小分けし、薬包紙などに包んで冷凍保存すると翌年使用できます。冷凍保存のときは湿気を防ぐため、シリカゲルなどの乾燥剤を入れるようにします。

花粉採取

❶ざるに擦りつけて葯を分離

❷開葯前

❸開葯後

受粉・受精

❶羽毛に花粉をつける

❷中心の雌しべを軽くたたく

❸受精すると花が持ち上がってくる

花粉保存

❶小量を分包

❷冷凍庫で保存

新梢管理のポイント

サクランボは枝の先端2~3芽から強い新梢が発生して、枝の発生が近い位置に集中しやすく、そのまま放置すると、樹冠内部への日当たりが悪くなります。

目的とする樹形にするためには、若木時の夏季管理、とくに捻枝や摘芯、夏季剪定などの取り組みが重要です。

図2－16　捻枝

強い新梢から側枝などをつくりたい場合、捻枝する
左手で新梢のつけ根を持ち、右手で枝をねじる

収穫前の管理

樹冠内部への日当たりを改善するために生育の旺盛な発育枝（徒長枝）の捻枝、摘心をおこないます。

また、徒長枝を処理するとき、基部からすべて切除するのではなく、摘心で基部を少し残して切ることにより、はげ上がりの防止になります。ただし、収穫期直前に強い枝の整理をおこなうと、地上部と地下部のバランスが崩れて裂果の発生が多くなることがあります。

図2－17　摘心

長く伸びる不用な枝のみ摘心をおこなう

捻枝

捻枝

新梢の基部を両手で持ち、開かせたい方向に徐々にねじります。実施する時期は、新梢が木質化して硬くなる前におこないます（**図2-16**）。

摘心

摘心は樹冠内への光透過の改善、着色の向上、生育抑制、枝の分岐およびはげ上がり防止、結果枝の確保などの目的でおこないます。

夏季剪定。基部5㎝ほど残して切る。花芽着生が多くなり、葉芽も混在

満開後3～4週間頃に実施します。時期が遅れると新梢基部の芽がすべて花芽になり、葉芽がつかないことがあります。伸ばす枝と競合する新梢や上方向に発生した強い新梢を対象におこないます。

摘心は新梢の基部3～4㎝（葉枚数で6枚程度）を残して切ります。処理時期が遅れた場合は葉枚数をやや多めに残して切ってください。摘心をおこなっても樹冠内の明るさを確保できない場合は、込み合っている部分の枝を整理します（図2-17）。

樹勢が落ち着いている樹では、樹冠の明るさを確保する程度の最小限にとどめてください。主幹形、Y字形などでは、生育の抑制と花芽確保を目的として、主枝および側枝先端以外の新梢を摘心します。

収穫後の管理

収穫後は樹冠内に光を入れて花芽の充実をはかるために夏季剪定をおこないます。この時期は樹冠内部の枝の重なりや暗い部分がわかりやすいので、簡単に作業することができます。

サクランボは切り口の癒合が悪いので、太枝を切除する場合、夏季に段階的におこなうことで枯れ込みを少なく抑えることができます。また、夏季剪定で光合成している葉を減少させることにより、樹勢を抑制する効果があります。しかし、過度の切除は、樹勢の低下や二次伸長によって花芽の充実に悪影響を及ぼすので、剪定を実施する前に、状況を確かめて適切に剪定をおこないます。

夏季剪定の方法

樹間が狭く側枝の重なりが多い場合は、個々の樹を剪定する前に、縮伐、間伐をおこないましょう。

樹高が高く作業性の悪い樹は、樹高の切り下げをおこないます。日当たりが悪く着色や果実肥大が劣る樹は、樹冠上部の大きい側枝、不要な徒長枝、重なり枝、大きくなった内向枝などを主体に整理し、樹冠の内側まで日が入るように日照を改善します。

太枝はこの時期に切除すると枯れ込みが少ないです。切り口には、トップジンMペーストなどの癒合剤を塗布して枯れ込みを防止します。芯抜きなど、太枝を切除する場合は、小枝をつけた太枝を50㎝程度残して枯れ込みを防止します（図2-18）。

夏季剪定の留意点

過度の夏季剪定は、樹勢衰弱を招くので、極端な強い剪定は避けなければなりません。樹勢が弱い場合は夏季剪定をおこなわず、冬季剪定で対応します。急激に明るくすると、太枝の背面などに日焼けが発生するので細かい枝を多めに残します。夏季剪定と併せて誘引すると日焼け防止に効果があります。また、若木では捻枝や摘心などの新梢管理を主体におこないます。

図2－18　太枝の切除と切り口の残し方

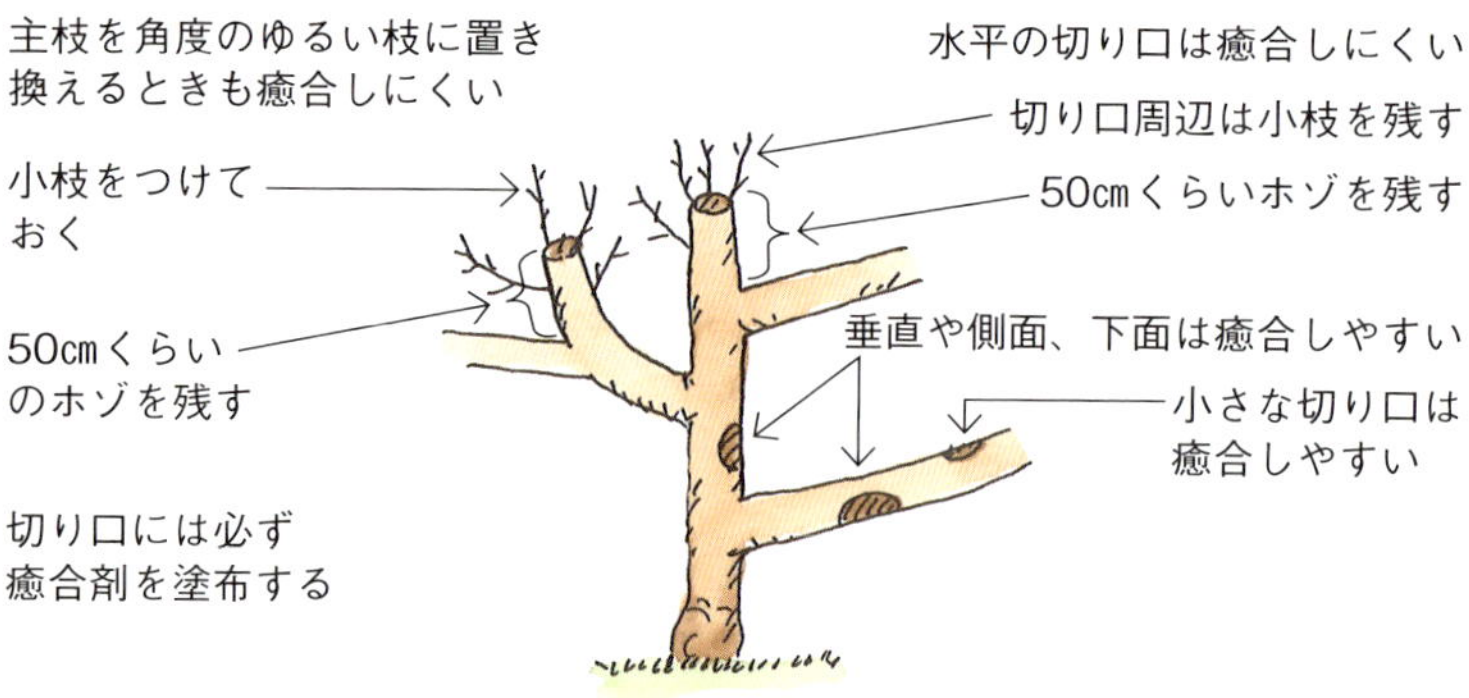

主枝を角度のゆるい枝に置き換えるときも癒合しにくい
水平の切り口は癒合しにくい
切り口周辺は小枝を残す
小枝をつけておく
50cmくらいホゾを残す
50cmくらいのホゾを残す
垂直や側面、下面は癒合しやすい
小さな切り口は癒合しやすい
切り口には必ず癒合剤を塗布する

注：出典『オウトウの作業便利帳』佐竹政行・矢野和男著（農文協）

図2－19　サクランボの結果習性

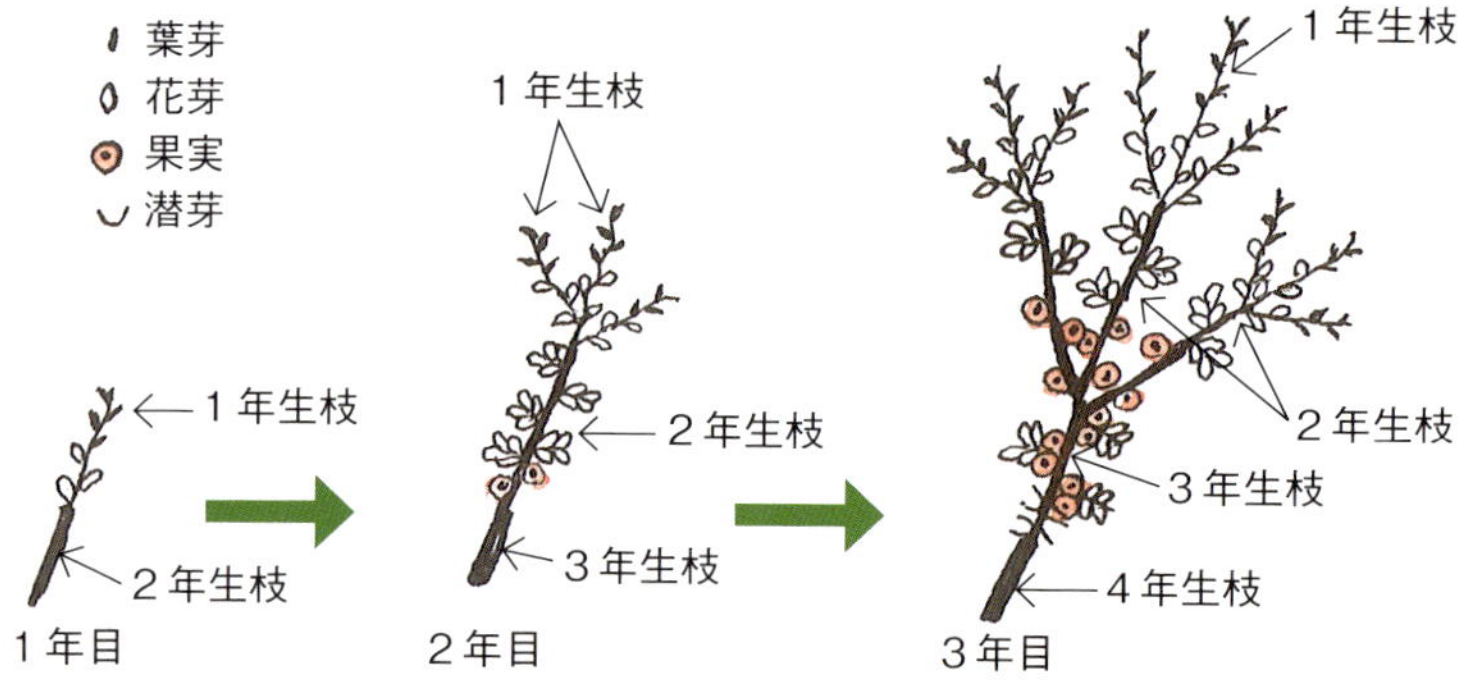

葉芽
花芽
果実
潜芽
1年生枝
2年生枝
1年目
1年生枝
2年生枝
3年生枝
2年目
1年生枝
2年生枝
3年生枝
4年生枝
3年目

注：出典『新版 果樹栽培の基礎』杉浦明編著（農文協）

花芽分化と結果習性

花芽分化

サクランボの花芽形成は、収穫の終わる頃から、翌年の花芽分化がスタートします。

品種によって多少前後しますが、6〜7月頃より分化を開始します。その後8月から9月にかけて花弁や雄しべ、雌しべなど順にできてきて11月下旬の落葉の頃までには花芽のなかに小花の形が三つくらいできあがります。

北海道、山形県、山梨県で花芽のでき方を調べてみると、生育が早い南の地域ほど花芽分化の始まりも早いです。しかし、花芽が完成するのは逆に北の地域ほど早くなります。

これは花芽の生育に適する温度が10〜20℃ほどで、30℃を超えるような高温になると生育が抑制されるためです。北の地域ほど夏から秋にかけて花芽分化のスピードがアップするので、10月以降になると北の地域ほど花芽の生育が進みます。

結果習性

サクランボは、モモと同じようにその年に伸びた新梢に花芽がつきます。翌年には開花結実するので、2年枝の部分に実がなります。

花芽の着生程度はモモより少なく、10cmほどに伸びた結果枝では、基部の5～6芽が花芽となり、それより先の芽は葉芽になります（**図2-19**）。2年枝の葉芽から発生し、新梢伸長がわずかで止まる短果枝は花束状短果枝と呼ばれています。芽が密集した状態で、ほとんどが花芽になり、頂芽の一つだけが葉芽になります。これがサクランボの結実の主力です。

土壌管理と施肥のポイント

土壌管理

土壌の過湿条件にたいする抵抗性は樹種間でかなり顕著な違いがあり、サクランボの根は酸素要求度が高いので、滞水するような過湿条件にはきわめて弱いです。通気性と排水性のよい土壌が適しています。

したがって、地下水位の高い土壌での栽培は不適なので、水が溜まりやすい場所では溝を掘って排水対策をじゅうぶんにおこなう必要があります。排水性のよい土に入れ替える客土や盛り土などの対策も有効です。

土壌pHは弱酸性（pH5・5～6）で生育が良好となります。土壌の酸性が強い場合は、石灰資材で適正酸度に矯正します。

また、土壌が中性からアルカリ性に傾くとホウ素、鉄、マンガンなどの欠

苦土石灰

苦土石灰を施す

表2－1　成木における時期別施肥量（kg／10a）

施肥時期	窒素	リン酸	カリ	苦土石灰
6月下旬	3		3	
9月上旬	4	4	2	
10月上旬				80
10月下旬	3	4	2	

注：農作物施肥指導基準（山梨県農政部）

表2－2　樹齢別施肥量（kg／10a）

樹齢	窒素	リン酸	カリ	苦土石灰
1～3	2	2	2	
4～6	6	4	4	40
成木	10	8	7	80

注：農作物施肥指導基準（山梨県農政部）

有機配合のペレット肥料

稲わらでマルチ

乏症が発生しやすくなります。

施肥の時期と施肥量

サクランボは開花してから収穫までの期間が短く、果実生産は前年に吸収した貯蔵養分に大きく依存します。貯蔵養分をじゅうぶんに蓄えるために、9月上旬の追肥と10月下旬の元肥で年間施肥量の70％を施します。残りの30％は樹体回復と花芽の充実をはかるために礼肥として、収穫後の7月中旬に施用します（**表2-1、表2-2**）。

礼肥（6月下旬）は、できるだけすみやかに吸収させるために、リン酸、硝安カリなどの速効性肥料を用います。施用後に灌水をおこない、早めに吸収させます。

秋の元肥の時期（10月下旬）までに肥切れすると、葉が黄化したり、早期落葉するので、葉色の緑が薄くなったら追肥（9月）して生産性のある葉色が保てるようにします。

地植えの樹は、2週間以上降雨がないときに、1回20㎜程度（20ℓ／㎡）を灌水します。7～9月は蒸散量が多くなるので、間隔を縮め1週間に1～2回灌水します。乾燥防止として樹冠下に稲わらや刈り草などでマルチすることも有効です。

水分管理と灌水の方法

水分管理を適切に

サクランボは発芽期以降、開花期を経て果実が緑色を保っている間（満開後約30日）までは水分を多く必要としています（**図2－20**）。その後、果実の緑色が淡くなり、黄化する時期から着色期を経て収穫期を迎えるまでは、多くの水分を必要としません。

鉢植えの場合、栽培の成功は灌水が適切にできるかによります。鉢植えは鉢の容量が小さいほど維持はむずかしくなります。ホームセンターなどには、水道に取りつけられる自動灌水装置もありますので、毎日灌水できない人には大きな助けになります。

灌水の目安と方法

植えつけたら、たっぷり灌水をします。温度も高く、蒸散量の多い4月から10月にかけては、1日1回の水やりを基本とします。灌水は土の乾き具合を見て加減します。乾いていたらたっぷりやって、曇りの日が続いて土がじっとり湿っていたら、灌水は必要ありません。

サクランボ栽培では、年間をとおして何回か灌水がポイントとなる時期があります。まず、春先2～4月に乾燥が続く場合は、結実に影響するので開花前の3～4月にたっぷり灌水をおこないます。

また、梅雨明け後の7～8月は高温になり乾燥します。花芽の分化や充実に大切な時期なので、乾燥が続く場合は、可能な限り灌水をおこないます。

図2－20　土壌水分管理の目安　（山形県園芸試験場）

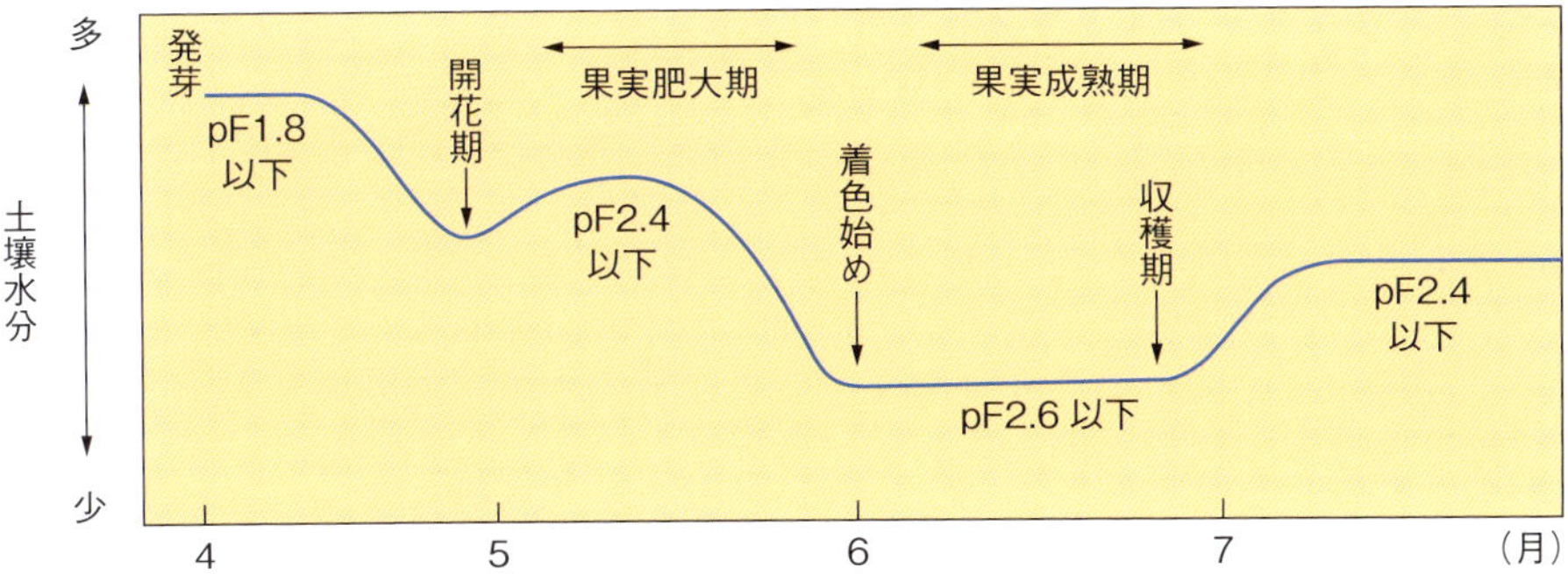

注：①pFは水が土壌に吸着されている強さを対数で表したもの。pF2.4が灌水の開始点。pF1.8までが湿潤、1.8～2.4までが中程度、2.4以上が乾燥
②出典『オウトウの作業便利帳』佐竹正行・矢野和男著（農文協）

果実の発育、摘果と裂果防止

果実の発育

受粉で受精した果実は、モモなどと同じように核果類特有の2重S字曲線を描きながら肥大します。生育の途中、核が硬くなるときに一時肥大が停止し、果実の生育期間は、早生品種で約40日、晩生品種でも約60～90日で、他の果樹に比べて非常に短いのが特徴です。

同じ品種でも果実の熟度にはかなりの差が生じるので、収穫熟度に達した果実から順に収穫します。

左から幼果期、硬核期、着色期、成熟期（わかりやすくするため、硬くなった核部分を染色して撮影）

生理落果

花が咲き終わると、小さな実が見えてきます。最初は一か所に5～6個の多くの実がつきます。しかし、途中で大きくならずに萎んで落ちてしまう果実も多くあります。このように果実が生育の途中で落ちてしまう現象を生理落果といいます。落ちる実の多くは受精していない実です。

子房の生長が始まる

収穫できる実がはっきり判別できるようになるのは開花してからだいたい3週間後です。ちょうど核（種の殻）が硬くなる硬核期の時期にあたります。この時期にしっかりした大きさになっている実は生理落果することなく

生理落果

収穫できます。

摘果のポイント

摘果によるサクランボの着果調節（摘果など）は、一つひとつの果実が小さいので労力的に大変ですが、品質向上のためには重要な作業となります。摘果には大玉、糖度、着色の向上、樹勢低下防止などの効果があります。

短果枝は基部に3～4果
花束状短果枝には、それぞれ3～4果
結果枝と摘果の程度

花かす
❶花かすの落下前

過剰着果の例

❷花かすの落下後

摘果の時期

サクランボは収穫までの期間が短いので、摘果は早いほど効果が高くなりますが、不受精でも数週間は着生して子房部分の肥大が見られるので区別がつきにくいです。

摘果は不受精果の生理落果が終わる満開3～4週間後におこないますが、結実が良好で肥大不良が懸念される場合は、満開後2週間頃より小玉果を中心に摘果します。摘果の効果は遅くなるとしだいに低下します。

摘果の方法

一つの花束状短果枝に3～4果程度残すように調節します。日当たりのよい上枝では4果程度、日当たりの悪い下枝では3果程度残します。

肥大の劣る果実、着色向上が望めな

い下向きの弱い枝についた果実、果梗の細い果実、奇形果、病害虫被害果、双子果を摘果します。着果制限により果実が裂果しやすくなるため雨よけを実施します。

摘果

❶摘果前

❷摘果後

収穫前管理

葉摘み

葉摘みは果実の日当たりをよくし、着色向上に有効です。しかし、過度に葉を摘み取ると、樹勢や果実品質が低下します。また、翌年の花芽が充実不良になるので注意します。

果実の着色が進んでからおこないます。収穫の7~10日前頃が目安です。果実に覆い被さっている葉を主体におこないます。強い葉摘みは樹勢や翌年の花芽形成に悪影響を及ぼします。なお、摘心によりすでに葉枚数が制限されている場合、葉摘みはおこなわず、果実付近の葉を輪ゴムなどで束ねて果実への日当たりを確保するとよいでしょう。

葉摘みは着色向上に有効

反射シート

経済栽培では、反射シートを地表面からの反射光により樹冠内にある果実の着色向上を主なねらいとして利用します。

樹の株もとが暗いと効果が劣るので、あらかじめ下垂枝の枝吊りや夏季

反射シート

着色はじめ頃から収穫期まで反射シートを敷く

反射シートで着色を向上させる

剪定による新梢管理をおこない、日照を内側までじゅうぶんに導入します。

反射シートは着色はじめ頃（収穫の約10～15日前頃）から収穫期まで設置し、収穫が終了しだいすぐに除去します。反射シートは、乱反射タイプの白色シートの効果が高いです。

雨よけの実際

乱反射タイプの白色シート

果実の緑色が薄くなる頃から赤く色づきはじめる頃は、果実が日ごとにぐんぐん大きくなる時期なので、果実表面の皮（果皮）が引っ張られているような状態になっています。

この時期にたくさんの雨が降ると、果実表面から直接果実のなかに水を吸い込んだり、根から吸収した水分が果実に多く移動することで果実が急激に膨らみます。果皮の伸びが果実の肥大についていけなくなって破れ、果実が割れてしまいます。

露地植えの樹であれば、この実割れを防ぐために樹全体をビニールで覆う必要があります。また、鉢植えの樹であれば、ベランダや雨よけのある場所に置いてください。

果実の成熟と収穫のポイント

成熟期と収穫期

サクランボは果肉が軟らかいため、日持ちしません。果肉の硬度、糖度、着色程度、果実の大きさ、食味などから総合的に熟期を判定し、適熟果から収穫します。主要品種の収穫時期は、次のとおりです。

佐藤錦の収穫期は、山形県で6月中下旬、山梨県では6月中旬です。高砂の収穫期は、山形県で6月中旬、山梨県では6月上旬です。紅秀峰の収穫期は、山形県で7月上旬、山梨県では6月中下旬です。ナポレオンの収穫期は、山形県で6月下旬～7月上旬、山梨県では6月中下旬です。一つの花叢《かそう》に数個の果実がつきますが、これらは同時には熟しません。また日当たりのよい位置と悪い位置でも熟期が2～3日異なりますので、数回に分けて適熟果から収穫します。

収穫果

果梗を持ち上げるようにして収穫

図2－21　収穫のポイント

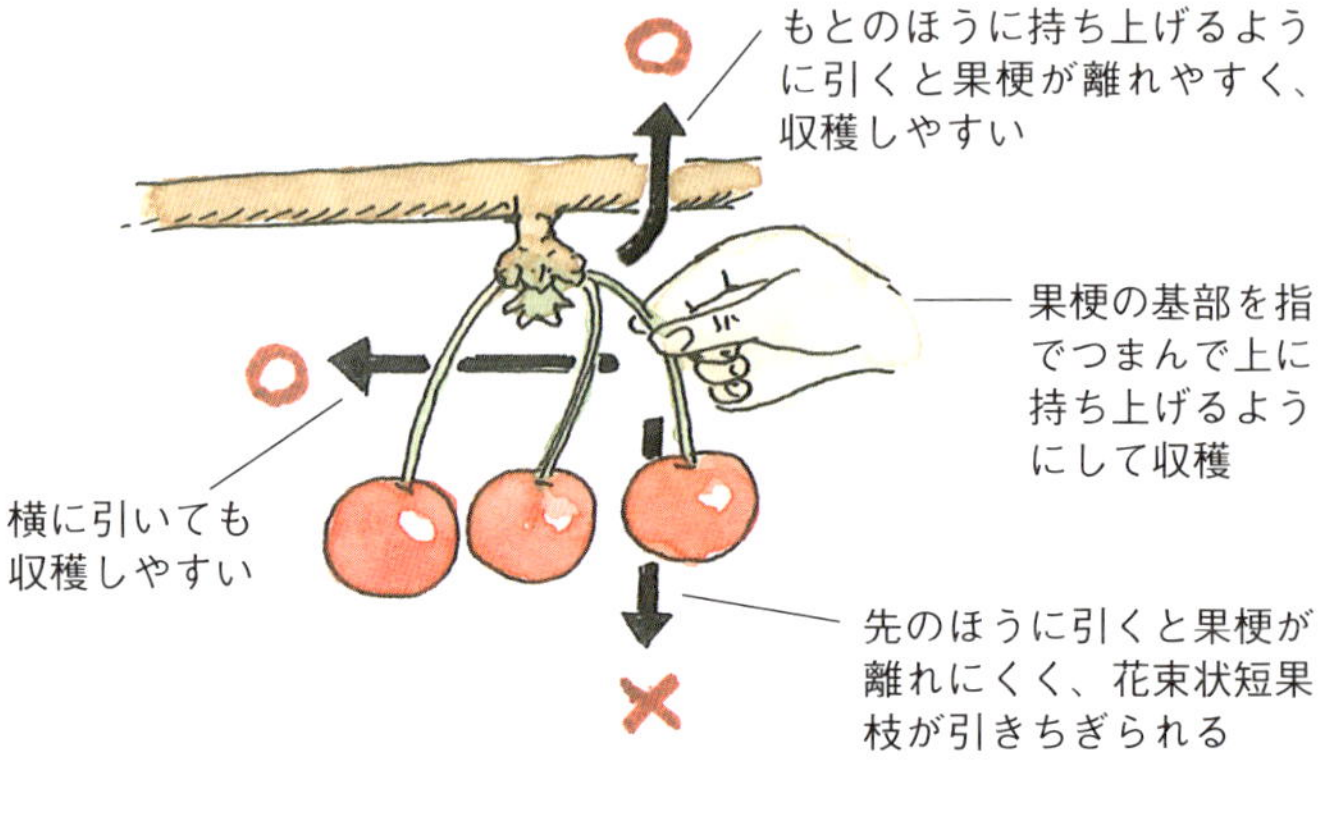

○
もとのほうに持ち上げるように引くと果梗が離れやすく、収穫しやすい
果梗の基部を指でつまんで上に持ち上げるようにして収穫
○
横に引いても収穫しやすい
先のほうに引くと果梗が離れにくく、花束状短果枝が引きちぎられる
×

おいしいサクランボの見分け方

果実につやがあり、色が均一で濃い

赤色であるもの。また、軸が太く、鮮やかな緑色をしているもの。軸のつけ根のくぼみが深く、軸が抜けていないものがおいしい果実です。

脚立を使った収穫作業

竹で編んだびく（魚かご）に布カバーをつけた収穫かご（JA南アルプス市で取り扱う）

収穫の方法

結果枝を傷めないように注意し、果梗を持って果実を下から上側に持ち上げるように採取します。収穫するときには果梗をそのまま引っ張ってはだめです（図2-21）。

果実は成熟期まで肥大し、糖度も上昇するので未熟果を収穫しないようにしましょう。過熟になると日持ちが悪く、果梗が取れやすくなり、ウルミ果も発生します。取り扱いによっては、打ち身によって、果実が黒くなり外観を悪くします。収穫は晴れた日におこないます。雨天の日に収穫した果実は色沢、日持ちが悪く、収穫後に腐敗果の発生も多くなります。

出荷作業（JA南アルプス市）

選果作業（かねしめ園）

収穫後の扱い

濡れている果実は、扇風機などで乾かしてください。収穫は温度があまり高くない午前10時頃までにおこないます。外気温が高くなってからの収穫は果実の日持ちが悪く、輸送性も低下します。

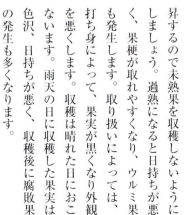

主な病害虫と生理障害、鳥害

病害の症状と対策

灰星病の症状と防除

主に、花と果実に発病します。花の被害は花全体が淡褐色に枯れて樹上に残り、花腐れ症状となります。灰褐色で粉状の塊を形成し、果実への伝染源となります。

果実の被害は成熟果実に多く見られます。果面に褐色の斑点を生じ、すぐに全体に広がり腐敗します。開花期や収穫期に雨が多いと多発します。

背負い式散布器による防除

越冬菌の密度を減らすために被害果実は見つけしだい土中に埋めて処理します。また、被害の見られる枝は、切って、焼却します。花腐れの防除は、その後の果実への被害の拡大を左右するので初期の防除が重要になります。

休眠期に石灰硫黄合剤を、生育期は、防除の適期となる開花直前、満開3日後、幼果期、成熟期に灰星病防除薬剤をローテーションで散布します。

褐色せん孔病の症状と防除

葉だけに発病します。梅雨明け前後から、葉に小さい紫褐色の斑点を生じ、拡大して褐色の円形～不整形の病斑になります。病斑は1～5㎜で葉面に点在しますが、数個が融合して大型の病斑となることもあります。病斑部は穴があくこともありますが、大部分はせん孔せずに黄変落葉します。被害は8～9月に最も多く、落葉を早めて樹勢を弱めます。

収穫直後（6月下旬～7月上旬）にオーソサイド水和剤80の800倍、チオノックフロアブル500倍を散布します。これにかえて4・4式ボルドー液またはICボルドー66Dの40倍（2・5kg）を用いてもよいです。

炭そ病の防除

果実の被害が一般的ですが、葉にも発生します。果実では茶褐色の凹んだ病斑になり、成熟果が発病しやすく幼果では少ないです。

蓄圧式散布器による防除

休眠期に他の病害虫との同時防除を兼ねて石灰硫黄合剤を散布します。

黒かび病の症状と防除

幼果には発病せず、収穫後の果実に発生します。発病果はクモの巣状の黒かびに覆われ、たちまち軟腐します。収穫前の灰星病の防除を徹底します。

胴枯病の症状と防除

枝幹の一部から樹脂を分泌し、その部分およびそれより上部の樹皮が暗褐色または赤味を帯びてしだいに水分欠乏状態となって枯死します。病斑部は特有のアルコール臭を発し、樹皮表面には黒色で小粒点状の柄子殻《へいしかく》を多数生じます。若木での発生は少ないです。

病原菌は枝幹の病患部で越冬し、翌春、胞子（かびなど）が雨で分散して傷口から侵入します。

枯死樹や回復の見込みのない樹は伐採、焼却して病原菌密度の低下をはかります。病斑部は発見しだい削り取って塗布剤を塗布します。

オウトウショウジョウバエの被害

虫害の症状と対策

オウトウショウジョウバエ

越冬は、成虫の状態で落葉した葉の間などでおこなわれます。年数回発生しますが、サクランボでは6～7月頃に数回発生します。収穫直前の果実内に産卵します。幼虫が果肉を食害し、産卵部は数日で変色します。早生種より晩生種で被害が多いです。

収穫期近くの果実から被害が見られるので、散布時期を失しないように防除します。アディオンフロアブル、スカウトフロアブル、テルスターフロアブル、アーデントフロアブルが有効です。いずれの薬剤とも収穫前日までの使用が可能です。散布後収穫終了まで1週間以上開く場合は再度防除します。被害果は発生源になるのでただちに土中に埋めて処分します。

ハダニが増えると葉がかすり状になる

ハダニ類

サクランボでは、ナミハダニが発生します。ナミハダニは緑色で葉裏に寄生し、被害は葉裏全面が褐色になります。ほかに赤いオウトウハダニの寄生もあります。葉裏の主脈を中心に群がって寄生します。被害は葉柄のつけ根から主脈に沿って白く脱色します。

梅雨明け後、高温多照が続くと急増します。多発してからでは防除しにくいので早めに抑える必要があります。果実の地色が抜けはじめる頃からハダニ類の発生が始まります。コロマイト乳剤、バロックフロアブル、カネマイトフロアブル、ダニサラバフロアブルなどの雑ダニ剤のうち、いずれかを散布します。発生が目立つ場合は収穫直後6月下旬~7月上旬にも再度防除します。ただし、同一薬剤の連用は避けてください。

ウメシロカイガラムシ

初期は枝に点在

増えると重なった層になる

コスカシバ

幼虫が枝幹部から食入して形成層を食い荒らします。食入孔から虫糞の混じった樹脂が漏出します。樹脂の漏出は他の原因でも生じますが、虫糞が混じっていることで区別できます。成長するにつれて糞粒も大きくなり、樹脂も塊状で褐色になります。被害樹は樹皮が荒立ち、さらに寄生を受けやすくなり、樹勢が弱まります。

コスカシバの発生の多い園では、10~11月中旬にトラサイドA乳剤、ラビキラー乳剤のいずれかを幹や太枝にていねいに散布します。

ウメシロカイガラムシ

本種は成虫で越冬し、年3回発生します。孵化《ふか》幼虫の出現時期は5月中~下旬、7月中~下旬、8月下旬~9月上旬です。硬いカイガラを体にまとい、移動性はあまりありません。枝幹に寄生して樹液を吸害するので、はなはだしい寄生を受けた場合は樹体が衰弱し、枝が枯死することもあります。

越冬量が多い場合は発芽前にマシン油乳剤を散布します。孵化期にあたる5月中~下旬、7月中~下旬、8月下旬~9月上旬に防除します。また、休眠期の石灰硫黄合剤散布も効果があります。

耕種的防除として、休眠期のブラシでのこすり落としも、越冬量を減らすために有効です。

アメリカシロヒトリ

第1世代幼虫発生期の6月、および第2世代幼虫発生期の9月に被害を受けます。収穫後の第2世代幼虫発生期には薬剤防除がされないので被害を受けることが多いです。

中齢幼虫初期までは巣網を張って集団で生息しているので、寄生を発見しやすいです。初期の発見に努め、分散前に捕殺するのが効果的です。薬剤による防除も幼虫の若齢期がよいです。スミチオン乳剤、またはダイアジノン水和剤34を用いて防除します。

双子果

幼果の双子果

双子果になる２本の雌しべ

双子果（左）と正常果

裂果

裂果

果梗付近の裂果

裂果し、腐敗が始まっている

生理障害の症状

裂果

成熟直前に、果実表面にある気孔や根からの急激な吸水によって発生します。現在栽培されている主な品種は、いずれも裂果しやすい性質を持っており、栽培上大きな問題になっています。雨よけ栽培によって、かなりの程度まで防ぐことができます。

双子果

一つの花に2本の雌しべが形成されると発生します。品種によっては発生の程度にかなりの差があり、前年の花芽分化期前後に高温・乾燥条件が続くと発生しやすいです。

ウルミ果

果実が樹上で、収穫適期を過ぎると外観がうるんだように見え、果肉が水浸状になります。ウルミ果は肉質が劣り、日持ちもよくありません。発生原因はまだよくわかっていません。

栄養生理障害の症状

苦土欠乏

　葉脈間が主脈に沿って左右対称に黄緑色、または黄色になります。発生部位は新梢の基部から先端に向かって拡大します。発生は、新梢生育が旺盛な時期と伸長停止後にも見られ、葉脈間が紫褐色となる場合もあります。葉の症状のほかに、結実率の低下も見られます。

ホウ素欠乏

　症状が軽い場合は、健全なものに比べて果梗が短くなり、結実率が低下します。症状が進むと花芽の着生が悪くなり、開花してもほとんど結実しなくなります。結実した果実に縮果症状が現れます。

鳥害の被害と対策

　食害する鳥の種類は主にカラス、スズメ、ヒヨドリ、ムクドリなどです。カラスにたいしては、釣り糸を数本張ったりすることで防止効果が期待できます。

　鳥による食害を防ぐには防鳥網の設置が最も効果的です。スズメなどの小型の鳥には20㎜程度の目合いの防鳥網を使用します。

鳥害

鳥による食害

被害果

20㎜目合いの防鳥網

ウルミ果

ウルミ果（左）と正常果

ウルミ果（右）と正常果の縦断面

ホウ素欠乏

ホウ素欠乏（左）と正常果

簡単にできる苗木の繁殖方法

挿し穂と挿し木

「アオバザクラ」や「マメザクラ」などは、挿し木による繁殖が簡単にできます。挿し穂は12月下旬から3月上旬の間に採取します。乾燥しないようにビニールで包み、挿し木するまで冷蔵庫または土中に貯蔵しておきます。

　気温が上昇する4月上中旬以降に挿し木します。長さ15～20㎝に切り揃え、芽のある節の部分をカッターや切り出しナイフで斜めに切り、挿し穂を準備します。発根促進剤を処理すると90％以上の高い確率で発根します。

　大量に台木を準備する場合は、畝立てし、黒ポリマルチをした挿し床に挿し穂の3分の2が埋まるように挿します。活着して伸長してきたら適宜施肥をします。なお、挿し木本数が少ない場合はプランターや鉢で鹿沼土を使って挿し木できます。挿し穂から新梢が複数出てきたら、新梢が硬くなるのを確認してから、1本に整理します。

挿し穂の準備

❶挿し穂を切り揃える

❷斜めに削る

❸挿し穂の完成

種まき

マメザクラの種子は6～7月に採取し、採取後果肉をきれいに除去します。播種するまで、湿った砂のなかに層状に埋蔵するか、ネットに入れて土中に埋めて保存しておきます。貯蔵中は過湿、過乾にならないようにときどき点検しましょう。

　播種は秋まき、春まきどちらでも可能ですが、春まきは播種が遅れると根が伸びはじめているため新根が折れることがあるので、秋まきのほうが無難です。プランターや鉢で園芸用の培土を使い播種します。

台木の検討

アオバザクラ

　台木にはアオバザクラが最も多く利用されています。アオバザクラは発根が非常に良好であり、圃場に直接挿し

台木（アオバザクラ）の挿し木

新梢の発芽

台木の種類による葉の大きさ

ても1年でじゅうぶん活用できる台木になります。アオバザクラの挿し穂に穂品種を接ぎ木して、そのまま挿し木しても条件がよければりっぱな苗木を養成できます。

この台木を用いると樹の生育がよく大きな樹になります。欠点はまっすぐ伸びる根が少なく、浅い位置に根が張るので土壌の乾燥にやや弱いです。また接ぎ木部がもろいことから強風により折れやすい特性もあります。

その他の台木

その他に台木として、マメザクラの品種の緑桜、おしどり桜を使えば、低樹高に抑えることができます。

これらのマメザクラの品種の台木としての特性は、花芽のつきが早く、穂品種より台木の肥大が劣る台負けの現象が生じます。そのため倒伏防止に支柱が必要になります。繁殖は、いずれの品種も挿し木繁殖が可能ですが、その後の生長が遅いので、台木として使用できるまでの太さになるのに数年を要します。

サクランボの実生や、江戸彼岸、大島桜などの桜の実生も利用できますが、これらの台木は樹が非常に大きく旺盛に生長します。また、実がなるまでに時間がかかるのでおすすめできません。

接ぎ木のコツ

接ぎ木は枝などの一部を切り取り、台木に接ぐ方法です。接ぐほうを接ぎ穂、穂木、接がれるほうを台木と呼びます。

接ぎ木は接ぎ木の違いによって枝接ぎと芽接ぎに大別されます。接ぎ穂の削り方、合わせ方などにより、さまざまな呼称がありますが、ここでは接ぎ木を代表する切り接ぎと芽接ぎを中心に解説します。

切り接ぎ

接ぎ穂は、落葉後の12～2月の休眠期に採取しておき、冷蔵庫で保存しておきます。春先、台木の根の活動が始まる3月上旬以降に接ぎ木します。

この時期の接ぎ木は切り接ぎでおこ

切り接ぎのポイント

❶台木に切り込みを入れる

❷台木の形成層（平面）

❸挿し穂を切り込みに入れる

❹接ぎ木用テープで固定する

図２－22　切り接ぎ

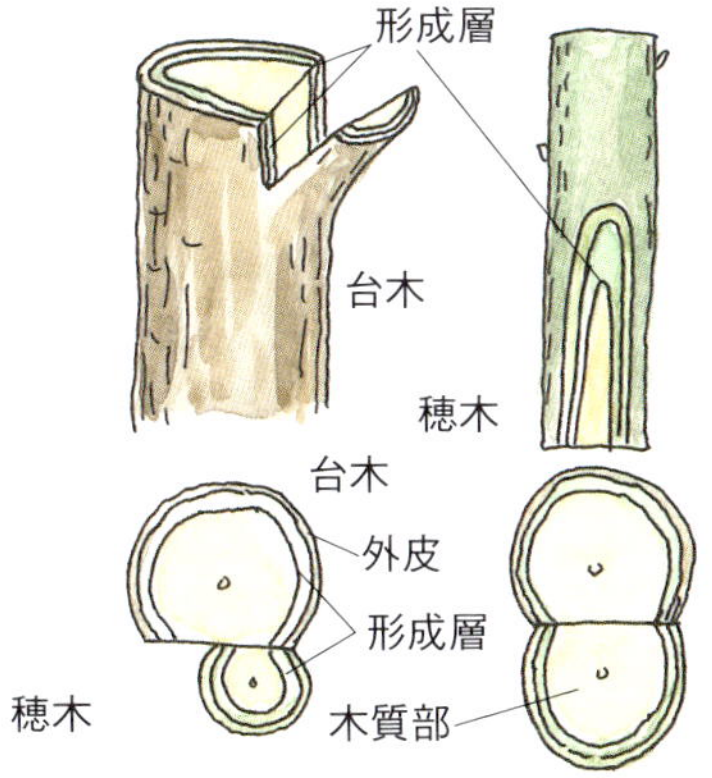

穂木が小さい場合、片側の形成層だけ台木の形成層に合わせる

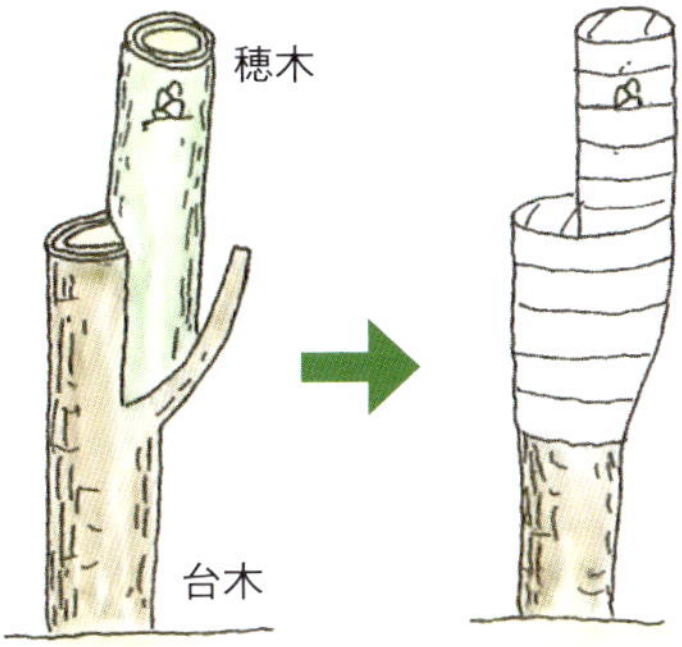

台木の切り込み部分に穂木を挿し込み、伸長性のあるテープで接ぎ木部を覆う

ないます（**図２‐22**）。芽が大きいので傷めないように注意します。１か月ほどして活着したら接ぎ木部を固定していた接ぎ木用テープを除去します。そのまま放置すると肥大によってテープが食い込んでくびれてしまいます。

芽接ぎ

9月上～下旬の秋季におこなう接ぎ木は、芽接ぎ（**図２‐23**）をおこないます。芽接ぎのほうが簡単で初心者にも取り組みやすいでしょう。

活着していれば、春先の発芽前に台木の上部をカットするので、失敗した

芽接ぎのポイント

❶穂木の芽を削ぎ取る

❷台木も同じ形に削ぎ取る

❸削ぎ取った部分に芽を挿し込む

❹蒸れないように一重巻きにする

図２－23　芽接ぎ

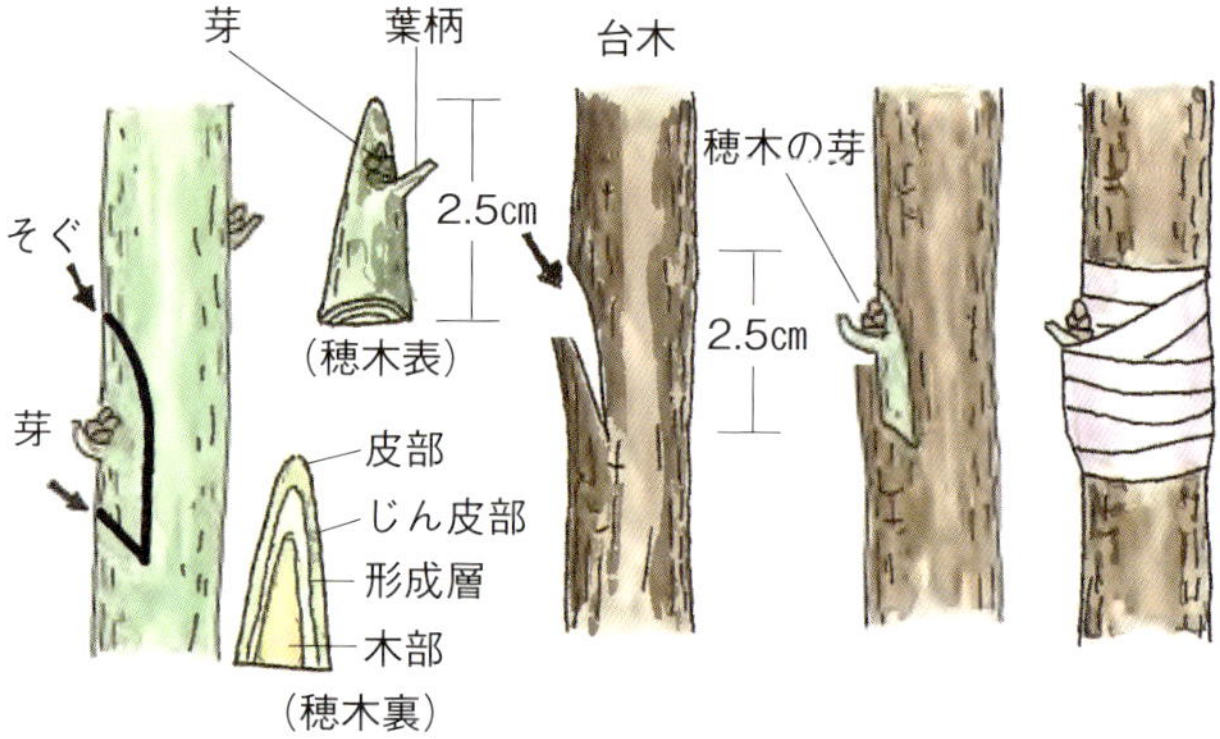

としてもやりなおすことができます。

まず、穂木の芽の上と下からナイフを入れて剝がします。つぎに台木の上からナイフを入れ、芽と葉柄が顔を出すように穂木を挿し込み、芽と葉柄を残して接ぎ木用テープで巻きます。芽を包み込む場合は、蒸れないように一重巻きにします。

高接ぎ

また、サクランボは苗木から育てると実がなるまでに長期間かかるので、早く結実を得る方法として高接ぎがあります。高接ぎは、古く硬い枝を使うので、活着率が悪くなります。1年枝に接ぎ木したほうが活着率が高くなります。

樹を植えるスペースが足りなかったり、交互受粉できる品種、さらに受粉樹が必要だったりするときに、高接ぎによって一つの樹でいろいろな品種を楽しむことができます。

近年、新品種の出現が早くなってきていますが、当然ながら開花期などをチェックして接ぎ木をします。

暖地栽培の品種と留意点

暖地向きの品種

サクランボを代表する佐藤錦は食味のよい品種ですが、冬の寒さに一定量（7・2℃以下で1500時間以上）当たる必要があります。

これを低温要求量といいますが、暖地ではどうしても不足するため、結実が不安定になります。高砂は、低温要求量が1200時間程度で佐藤錦より少なく結実は安定します。裂果も少ない傾向です。暖地に向く香夏錦は結実がかなり安定します。

いずれの品種も開花期の気温が25℃を超えると結実が不安定になります。なかでも佐藤錦への影響は最も大きく、佐藤錦を暖地で栽培するには、受粉回数を増やす必要があります。逆に香夏錦は春の気温がやや低い年は結実過多を心配するほどになります。

香夏錦は早生の代表品種ですが、果肉が軟らかく、褐変しやすいため、市場出荷には向きません。しかし、樹上で完熟した果実はおいしく、観光もぎ取り園などでは有望です。暖地向け品種としてはナンバーワンに位置づけられます。

晩生種は梅雨による裂果も多いので基本的には向きませんが、結実のよい紅秀峰なども比較的つくりやすい品種です。ナポレオンは結実安定のための受粉樹として必要です。

香夏錦は暖地向きの品種

紅秀峰も暖地でつくりやすい

雨よけハウスで裂果を防ぐ

暖地栽培の留意点

確実な交配

暖地での最大の問題点は結実率が低いことです。そこで、交配は特にていねいにおこなう必要があります。受粉用の毛ばたきによる交配（交互受粉）だけでは、年によって結実が少なくなります。

安定的に結実させるには冷凍保存したナポレオンなどの貯蔵花粉を利用した人工受粉が必要になります。また、充実した花芽をつくるために夏から秋のていねいな管理（早期落葉防止、病害虫防除）が不可欠です。

台木

暖地では、コスカシバの食害や日焼け、樹脂病などによる樹勢衰弱や枯れ込みが致命的となります。そこで、多少の枝幹障害も乗り越えられる樹勢の強さが必要です。一般的に使われているアオバザクラを使用します。

施設栽培の作型とポイント

施設栽培の目的と作型

サクランボは、果実の収穫期間が短く、収穫と選果の作業に多くの労力がかかります。

そのため、経営規模を拡大するには、ハウスで加温する施設栽培の導入が有効となります。ハウス栽培による早い時期の出荷は価格も高く経営的なメリットが魅力ですが、露地栽培よりも温湿度管理、水分管理、ていねいな人工受粉作業など、高い技術が求められます。

作型は12月に被覆して、1月に加温を開始する普通加温栽培が一般的です。その場合、翌年の5月上旬に収穫が可能となります。それより早く加温する作型は、樹にたいするダメージが大きくなります。また、被覆だけして加温しない無加温の作型は、開花期が前進して、凍霜害のリスクが高くなります。

換気できる雨よけハウス

生育と管理の留意点

サクランボは、自発休眠を打破するために、7℃以下の低温におおむね1500時間以上遭遇してから加温を開始する必要があります。この低温遭遇

加温ハウス内での受粉作業

施設内で一斉開花

ビニール被覆による地温上昇

時間は品種ごとに異なります。低温遭遇時間が不足すると発芽が不揃いになりやすいです。

また、被覆してから急激に加温すると地温がまだ上がっていないので、根からの吸水が不じゅうぶんで発芽や開花が不揃いになります。無加温期間を1週間ほどとって、地温を上げてから加温を開始します。晴天になると急激に温度が上昇しやすいので、温度管理に注意します。

発芽期から開花期に温度が基準以上に高温になると雌しべの柱頭が乾きすぎて結実不良になります。灰星病による花腐れが発生しやすくなるのを防止するため過湿状態になるのを避けてください。

果実肥大期には土壌水分を必要とするので、じゅうぶん灌水します。着色直前から収穫期にかけて、実割れしやすくなるので、灌水を控えます。ハウス内の湿度が高くなっても実割れが発生しやすくなるので、換気や夜温の管理により、ハウス内湿度が高くなるのを避けます。

ハウス内は過湿にもなりやすいですが、温度が上がりやすく乾燥もしやすくなります。そのためハダニも発生しやすくなりますので、防除が手遅れにならないようにします。

鉢・コンテナ栽培のポイント

サクランボを育てようと思っても、庭がないと植える場所を確保できないと思いがちですが、水やりさえできれば、大きな鉢に植えてベランダや玄関先で育てることができます。

鉢植えでの栽培なら、樹が小さくても実をつけることができます。なお、水やり以外の管理は地植えよりも楽です。また、技術はむずかしいですが、「ポットチェリー」と呼ばれる小型の鉢植え樹をつくれば室内でサクランボを楽しむことができます。

鉢植え樹の養成

用土・鉢と置き場所

用土と鉢

市販の園芸用培養土（果樹用）、または畑の土5、完熟堆肥か腐葉土を1の割合で混ぜた土、赤玉土などを準備しましょう。

果樹園芸鉢は10号鉢（直径30㎝、容量14ℓ）以上で、できれば18号鉢（容量80ℓ）程度が理想的です。

庭先での栽培には果樹園芸鉢（25ℓ、45ℓ、60ℓ、100ℓ）が適しています。ただし、60ℓ以上の大きさになると一人での移動は困難になります（**表2-3**）。

鉢の底には水はけを良好にするため

容器は20ℓ（前左）と60ℓ

表2－3　果樹用ポットの規格（一例）

規格	サイズ（㎝）	容量
＃25（13号鉢相当）	38.5（直径）31（高さ）	約25ℓ
＃45（15号鉢相当）	48.0（直径）38（高さ）	約45ℓ
＃60（17号鉢相当）	52.1（直径）42（高さ）	約60ℓ
＃100（22号鉢相当）	66.0（直径）43（高さ）	約100ℓ

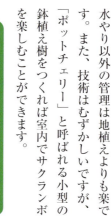

ゴロ土か鉢底石を用意します。

鉢の置き場所

置き場所として3～4月は、南東向きの日当たりのよいベランダや玄関などが適しています。また、果実が色づきはじめたら裂果を防ぐため、雨の当たらない軒下や室内に移します。

なお、近年は53頁でも紹介した庭先栽培用の雨よけミニハウスなどがつくられており、利便性が高くサクランボ栽培にも対応できます（図2‐24）。

図2－24　鉢の置き場所の例

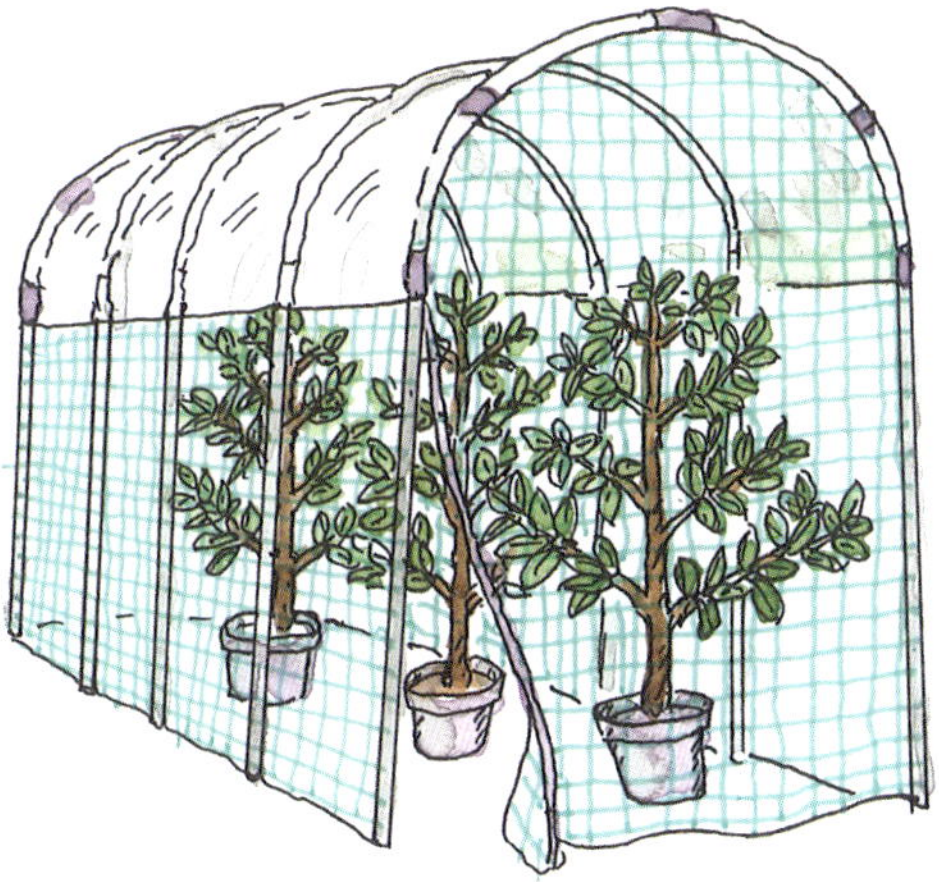

サクランボの熟期は梅雨期にあたるので、防鳥ネットもついた雨よけミニハウスなどに入れておくと万全

根の処理と植えつけ方

根の処理

苗木は根を乾かさないように、植えつけ前に水を入れたバケツに根の部分を浸します。根は太い根と細い根がありますが、太く長く伸びている根は鉢の大きさや他の根の長さに合わせて切ります（図2‐25）。ハサミできれいに切ると、そこからまた新しい根が出てきます。

根の処理

❶切り詰める前

❷太根などを短く切り詰める

植えつけのコツ

鉢の底2～3㎝に、水はけをよくするためのゴロ土か鉢底石を入れます。さらに土を10～20㎝くらい入れて、そこに苗木を置きます。苗木は根が重ならないように四方に広げて置きます。

台木との接ぎ木部分が地面から5㎝ほど出ていることを確認しながら、土を入れて植えます。植えつけた苗木は地ぎわから50～60㎝の高さで切ります。支柱を立てて、苗木を軽く結わえて誘引します。

図2－25　植えつけ

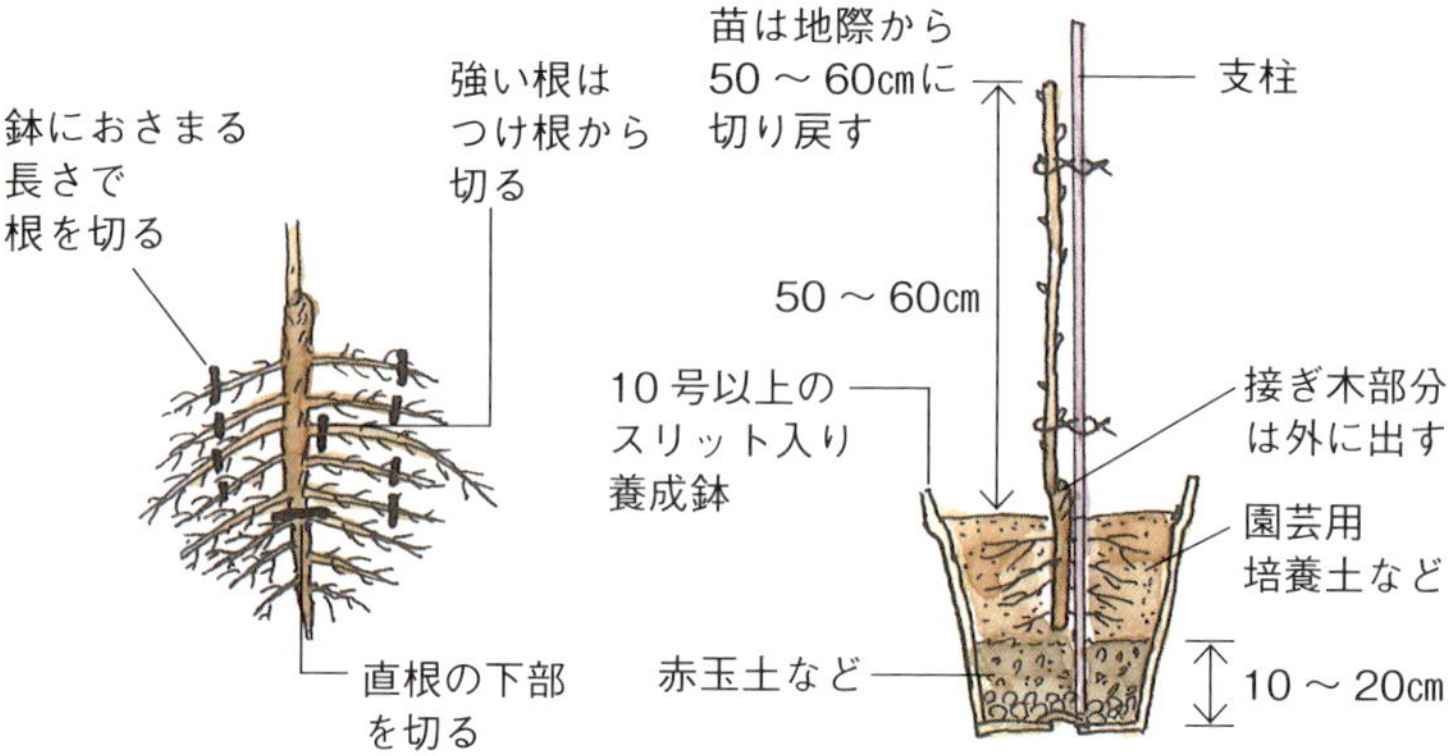

植えつけのポイント

❶鉢底に目の粗い土を入れる

❷園芸用培土を加えて中央に据える

❸園芸用培土を足して植えつける

水やりと施肥

植えつけたらたっぷり水やりをします。４月から10月にかけては、１日１回水やりをします。ただし、７～９月は乾きやすいので、乾き具合を見て朝夕の２回水やりをします。いずれの場合でも水やりは乾いたら、たっぷりやってください。

開花期と収穫期、冬季（特に真冬）は、やや控えめに水を与えます。

肥料は10月中旬に１回、有機質肥料と緩効性の化学肥料が混ざったもの、バラなどの花木・果樹用肥料を１回に10gくらい苗木のまわりにまきます。

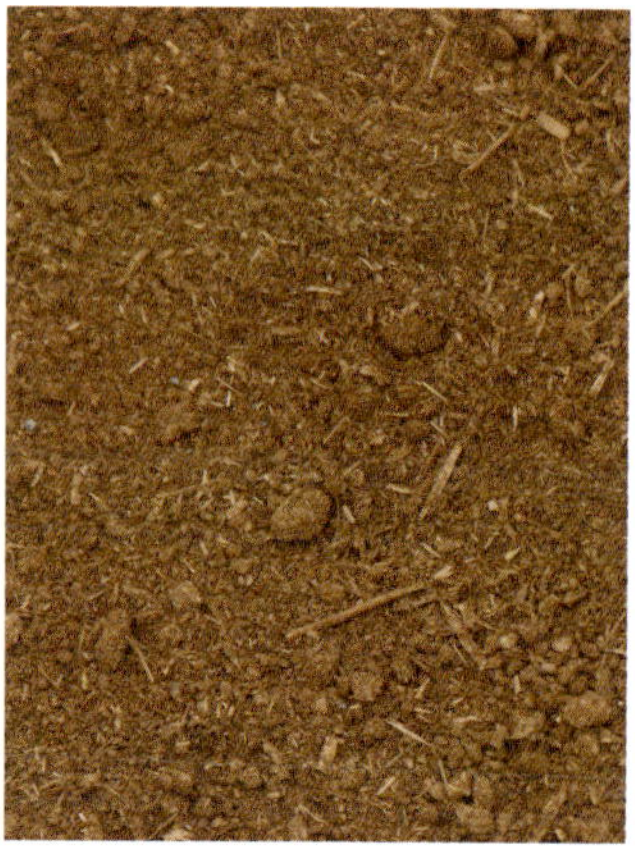
有機質肥料

枝の管理と剪定

１年目は苗の先端付近から新梢が３

図2－26　植えつけ後の剪定

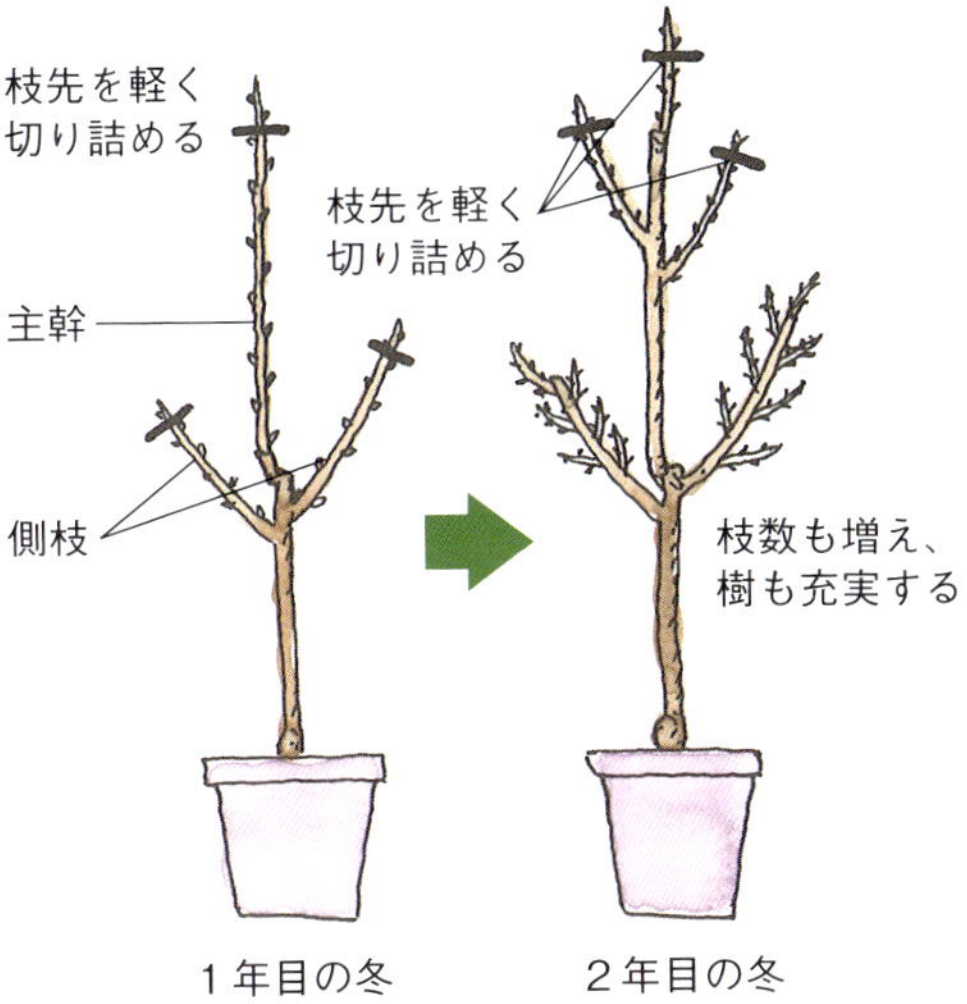
枝先を軽く
切り詰める
枝先を軽く
切り詰める
主幹
側枝
枝数も増え、
樹も充実する
1年目の冬
2年目の冬

鉢植え樹の結実

子房の生長

～4本伸びてきます。一番上の枝はまっすぐ上に伸ばします（図2‐26）。それより下の枝はすべてヒモなどで水平になるくらいまで引っ張ります。枝を水平にすることで花芽がつきやすくなります。

次の年、横に伸びた枝から新しい枝が何本か上に向かって伸びてきます。この枝は5月下旬にすべて枝元3～4cm残して切ります。こうすると切り取った部分にも早く花芽がつきやすくなります。枝が込み合ってきたら枝どうしができるだけ重ならないように、枝を間引いて整理します。

鉢の植え替え

小さい鉢では1～2年で根がいっぱいになって「根詰まり」を起こします。そうなると水をやってもすぐ乾いたり、枝が伸びなくなり、樹が衰弱して葉も実も小さくなってしまいます。春に根が伸びはじめる前、早い地域では3月になると新根が伸びはじめるので2月に鉢から樹を抜いて、固まった根を少しほぐします。

大きな鉢に植え替える場合は根は切らずにそのまま、同じ大きさの鉢に植える場合は、ほぐした根を20％ほど切り詰めます。同時に鉢の周囲に新しい土を足して根が伸びやすい環境を整えます。

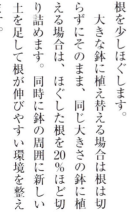

ポットチェリーに挑戦

ポットチェリーは観賞用や高級フルーツショップの旬《しゅん》のディスプレイなどに使われます。接ぎ木して木をつくる技術はむずかしいですが、自分でもつくることができ、身近でサクランボを楽しむことができます。

ポットチェリーはアオバザクラなどの台木にサクランボの品種の枝（穂木）を接ぎ木してつくります。ふつうは、前の年に伸びた1年生枝の枝を使って葉芽が2芽ついた穂木を接ぎ木しますが、花芽のついた穂木（2年生枝または3年生枝についた花束状短果枝を二つか三つつけて切ったもの）を接ぎ木するとその年に花が咲いて果実をつけることができます。

台木は、あらかじめ鉢に植えつけておいてビニールハウスなどで入れて少し生育を早めて、根がじゅうぶん活動を開始してから接ぎ木をします。

台木に先に切り込みを入れて後で切断するのは、木質部が堅いので、切り込みを入れるときに上部を反対側の手で固定でき、ナイフでけがをしないように安全面を考慮してのことです。

接ぎ木と同時に花を咲かせて結実させるので、咲いた花には違う品種の花粉を使ってしっかり人工受粉する必要があります。

ポットチェリーは観賞後も、しっかり手入れして育てれば、翌年以降も開花して楽しむことができます。

ポットチェリーのつくり方

❶穂木の片側を削り、反対側も少し削る

❷台木に先に切り込みを入れ、切り詰める

❸横断面４分の１程度の位置に割り接ぐ

❹接ぎ木用テープを一重巻きで巻く

❺花芽接ぎの完成

第３章

サクランボの成分と利用・加工

収穫直後の果実（富士あかね）

サクランボの成分と機能性

サクランボの栄養・効能

主成分はブドウ糖などの糖質ですがカリウム、鉄、リンなどのミネラル成分やカロチン、ビタミンB_1、B_2、Cなども少しずつ含まれています。

また、酸味はリンゴ酸、クエン酸、酒石酸、コハク酸などの有機酸です。アメリカンチェリーの赤い色はポリフェノールの一種アントシアニンなどの色素です。

国産ものとアメリカンチェリーを比べると、一般的にビタミン類は国産のもの、カロリーやミネラルはアメリカ産のものが上回っています。

サクランボの機能性

サクランボの果皮や赤い果肉の色素はアントシアニンに由来します。アントシアニンの成分にはビタミンEなどの市販の抗酸化剤に匹敵する抗酸化作用があります。実験では高脂血症や脂肪肝の症状が軽減されることが示されています。また、アントシアニンには抗炎症作用があります。

アントシアニン以外でサクランボに多い成分として糖アルコールのソルビトールがあります。サクランボの糖アルコール含量は果実１００ｇ当たり２・３〜８・０ｇと豊富に含まれています。ソルビトールは難消化性で、糖質より低カロリーな甘味成分で便秘を解消する効果があります。

海外でジャムや果汁加工向けに栽培されているタルトチェリー（tart cherry）は酸果オウトウの品種ですが、この果実はメラトニンを多く含みます。

メラトニンは脳から分泌されるホルモンの一つで、睡眠と関連していることが知られています。メラトニンは植物体にも存在する抗酸化物質でもあり、食品としてはアーモンド、ヒマワリ、カラシなどの種実類に多く含まれています。

疲労回復、眼精疲労の回復

サクランボの主成分は糖分で、果物の糖分は早くエネルギーにできるため、疲労回復に素早い効果があります。また、脳のエネルギー源も糖質なので、サクランボは脳を効率的に働かせる効果もあります。

ミネラルやビタミン成分の量は多くありませんが、バランスよく含んでいるので、疲労回復や食欲増進、疲れ目などに効果があります。

虫歯予防、便秘解消、整腸

農研機構果樹茶業研究部門（茨城県つくば市）によりますと、サクランボにはソルビトールがたくさん含まれています。同じバラ科のリンゴやナシよりもきわめて含有量が多いです。ソルビトールには虫歯を防ぐ働きがあります。

最近のアメリカの研究では、アメリカンチェリーのジュースには、歯垢の形成を阻害して虫歯を予防する成分が含まれていると報告されています。さらに、ソルビトールは便を軟らかくし、排便の量を増やす働きを持っているので便秘を解消します。また、腸内細菌のビフィズス菌を増やすので、便秘を解消するだけでなく、おなかの調子を整えてくれます。

高血圧予防、利尿効果

果実としてはカリウムを比較的多く含みます。カリウムには体内のナトリウムを対外に排出する働きがあり、高血圧の予防になるほか、利尿作用も期待できます。

サクランボの味・日持ちと保存

サクランボが出回るのは初夏の限られた期間。新鮮なときにそのまま生で食べるのがいちばんです。

サクランボの選び方

果皮に光沢があって張りがあるもの、果梗（果柄）が青く新しいものが新鮮です。果皮が黒ずんでいたり、褐色の斑点があるものは避けてください。輸送中に傷みやすいので、傷がないかよくチェックしてください。

選果前の収穫果

完全に熟しているものが甘いです。色づきの薄い白っぽいものはまだ熟していないので、色つやがよく、色の濃いものを選んでください。アメリカンチェリーは、品種の特性で熟すと黒ずんだ色になります。鮮やかな色のものは避けてください。

粒の大きさ

サクランボの粒の大きさは、甘み・うまみに関係しています。おいしいサクランボを食べるにはできるだけ大きい果実であることが望ましいです。

果実の皮

サクランボの皮の見分け方に関しては、できるだけ張りとつやがあり、光沢のあるものがよいです。果実にある程度の張りとつやがあれば、甘み・うまみの他に食感がよくなります。皮全体がやや軟らかくなっているようなものは、見わける判断基準としてなるべく避けてください。

サクランボの色味

サクランボの色の見わけ方に関しては、佐藤錦、高砂、紅秀峰などの国産の赤い品種は、極力真っ赤に染まった鮮やかなものが望ましいです。例えば色味がやや黒ずんでいると、見た目だけではなく品質も低下しているものである可能性があります。また、褐色のものも避けてください。濃い紫黒色のアメリカンチェリーは均一に黒ずんだ色になったものが完熟したおいしい果実です。

完熟した果実

サクランボの軸

果実についているサクランボの軸も、果実を見わける判断基準になります。緑色が鮮やかで太いものがおいしく、鮮度のよい果実です。茶色に近い色のものや軸の細いものは、見わける時点でなるべく避けるように心がけましょう。

サクランボの保存法

鮮度が落ちやすく、日持ちしないので、なるべく早く食べるようにします。新鮮なものは、常温でおよそ3日間が限度です。冷蔵庫に入れる場合は、専用パックに入ったものはそのまま、新聞紙に包むと過湿にならず保湿性も保てます。あまり長く冷蔵庫に入れておくと過湿で傷みやすいので、二日くらいにしておきましょう。

常温で保存する場合

購入して、すぐに食べるときは、冷水にさっと通して冷やすとおいしく食べられます。水洗いして20~30分冷蔵庫で冷やすと果肉が締まり、おいしく食べられます。サクランボは収穫したときから、時間の経過とともに味が落ちていきます。新鮮なうちに食べるのがなによりおいしくいただく方法です。

少しの間保存したい場合は、新聞紙などに包んでできるだけ涼しいところに置いておきます。保存期間は長くて2~3日くらいと思ってください。通販や宅配でサクランボを買った場合でも、常温便で届いた場合は、冷暗所または冷蔵庫に、クール便で届いた場合はすぐに冷蔵庫の野菜室に入れてください。

新聞紙に包んで保存

新聞紙に包んで保存する

パック・箱詰め

パック詰め（市場出荷用）

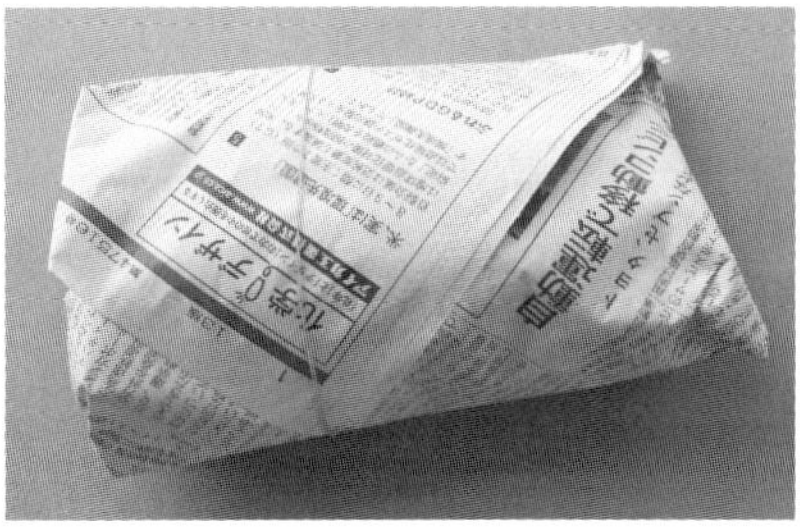

日持ちは長くても2～3日

パック入り。なるべく早く食べるように

専用容器で冷蔵保存

専用容器でも日持ちは2～3日

贈答用の箱詰め

冷蔵庫を使う場合

サクランボは温度と湿度の変化（乾燥と結露）を嫌います。ラップ、ビニール袋は結露しやすくなりますから、専用のプラスチックパックに入っている場合はパックから出して新聞紙など吸水性のある資材、（クッキングペーパーなど）で包んで冷蔵保存します。この場合でも2～3日のうちに食べてください。

また、サクランボは寒さや急激な温度変化に弱いデリケートな果物と理解してください。冷蔵保存でも、サクランボが冷えすぎると、舌から感じる甘さも薄れ食味が低下してしまいます。冷蔵庫の野菜室での保存がよいでしょう。

冷蔵庫で長期保存する場合

冷蔵庫に長時間入れると、サクランボの水分が蒸発し、時間を置くごとにサクランボが乾燥してしまい、食感、食味の低下につながります。

また、サクランボの味わいを左右する酸度も下がってしまい、味が淡白になりうまみが感じられなくなります。このようにサクランボの性質上、冷蔵保存する場合はよりデリケートな気遣いが必要です。

サクランボの長期保存は基本的にむずかしいです。保存中に腐れやかびが発生して傷むので、サクランボについている水分をしっかりとって、新聞紙などの吸湿性のある資材で包んで冷気が直接当たって乾燥しないように注意して野菜室に保存してください。この場合でもサクランボの鮮度、品質や品種の状態により保存期間のばらつきが大きくなります。

また品種により、紅てまり、紅秀峰や大将錦のような晩生種には比較的、保存性が高い品種もあります。また早朝に摘み取る朝採りのサクランボは比較的、保存性はよくなります。

サクランボの加工・利用

洗い方と調理法

ボウルに水を張り、ざるに入れたサクランボをざるごと揺らして、やさしく洗ってください。

調理法は次のとおりです。

●フランベなどにして、ケーキやアイスクリーム、ババロアなどの菓子の飾りにします。

●ジャムやコンポートなどにします。

●ピュレにしてアイスクリームに使ったり、ソースにします。

●ブランデー漬けにして菓子などの材料にします。

なお、サクランボをジャムなどに生かすとなると、あらかじめ種を抜かなければなりません。いろいろなタイプの種抜き器が出回っており、ホームセンターで求めたり、インターネットを利用して取り寄せたりすることができます。

また、種抜き器がないとき、割りばしを割り1本にして種を抜きます。ま

種抜き

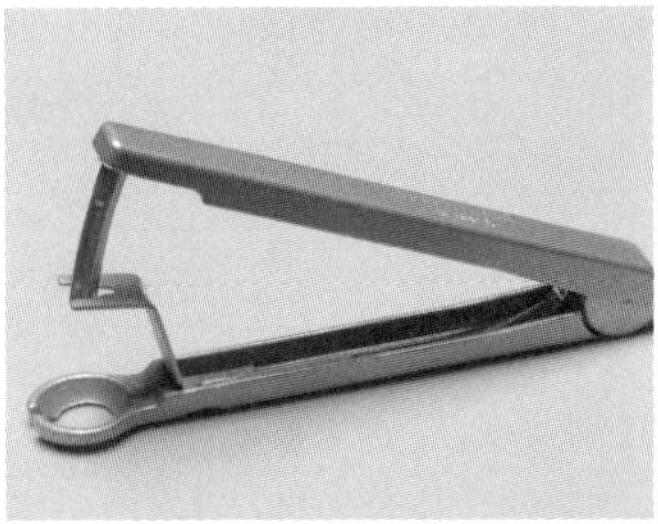

便利な種抜き器

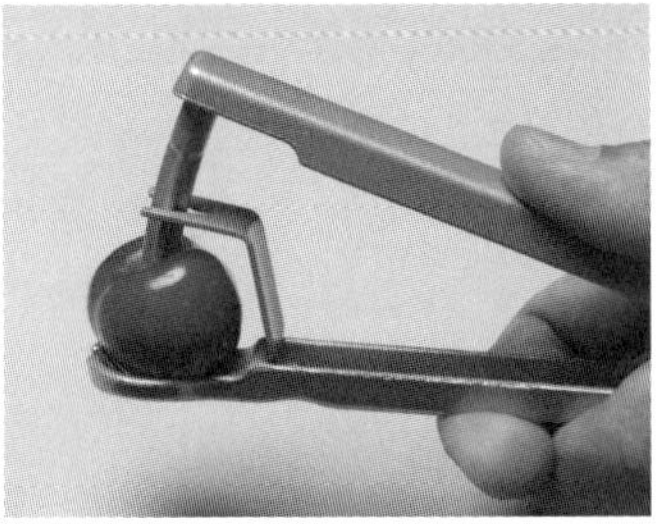

果実をのせる

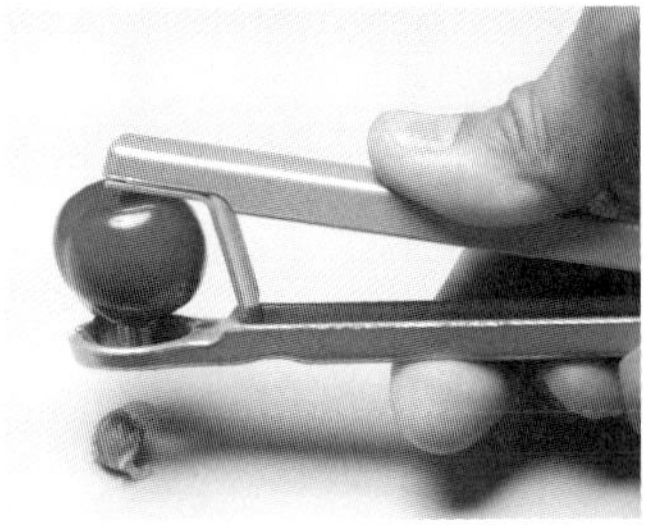

押して種を抜く

ず、果実の果梗（軸）を取り除き、反対側から割りばしを挿し込みます。種が押し出されるように果梗を取り除いたところから出てきます。

サクランボジャム

サクランボジャム

材料

佐藤錦に半量の赤肉腫のサクランボ（アメリカンチェリーなど）　適量

グラニュー糖　サクランボ果実（種なし）の30～50％

レモン汁　サクランボ果実（種なし）の10％

お茶パック

つくり方

サクランボ酒

❶果梗を取り除き、サクランボは水できれいに洗う。半分に割って種を取り、重さを量り砂糖の量を決める。

❷取り除いた種は、お茶パックに詰める。サクランボはペクチンの含有量が少なく、固まりにくいので、種を使ってペクチンの補充をする。

❸サクランボの重さに対して30～50％の砂糖を振りかけ、軽く混ぜて2～3時間置く。砂糖に漬けておくと、浸透圧の効果により、果実から水分が出てきて煮やすくなる。

❹かなり水分が出てくるので、そのまま鍋に入れ、中火で10分くらい煮る。途中あくが出るので、きれいに取り除く。

❺あくを取り除いたら、シロップと果実に分ける。サクランボの形を残したいので、煮る時間を別にする。

❻シロップにサクランボの種を加え、とろみが出るまで煮込む。

❼好みの固さの少し手前まで煮込んだら、レモン汁を加え、5分くらい煮込む。

❽完成したジャムは、煮沸した保存瓶に熱いまま流し入れる。ジャムが熱いうちに瓶に入れてふたをする。

サクランボ酒

一度にたくさんのサクランボが手に入ったときは、サクランボ酒をつくってみたいものです。

疲労回復などの薬用酒としての効果も期待できます。

材料

サクランボ1kgに対し、ホワイトリカー1・8ℓ、氷砂糖150g～200g

つくり方

❶瓶は熱湯で洗い、完全に乾かしておく。
❷サクランボを水で洗って、きれいな布で水分をよくふきとる。
❸サクランボと氷砂糖を交互に瓶に入れていき、上からホワイトリカーを注ぎ込む。
❹冷暗所に置いて、砂糖がよく溶けるようにときどき瓶を揺らす。3～6か月後には飲めるようになる。

チェリーブランデー

ブランデーベースのサクランボ酒は市販品もありますが、サクランボが出回る時期に手づくりできます。氷砂糖はお好みで減量してください。色が濃くなってきたら、味を見つつサクランボの果実を引き上げる時期を決めてください。

材料（2ℓ瓶1本分）
アメリカンチェリー　約400～500g
ブランデー　1本（640mℓ）
氷砂糖　150～200g

つくり方
❶瓶はアルコール消毒（または熱湯殺菌）し、よく乾かす。分量のブランデーを20mℓほど取り分け、瓶の消毒に使ってもよい。
❷サクランボはやさしく洗い、果梗を取ってていねいに水分をふき取り、乾かす。果梗がついていたところは水分が残りやすいので気をつける。
❸瓶に氷砂糖、サクランボを入れ、ブランデーを注いでできあがり。冷暗所で保存。
❹2か月をめどにサクランボを引き上げ、保存瓶に詰め替える。1～2か月寝かせるとまろやかな味になる。

チェリーパイ

甘酸っぱいサクランボの果肉とパイ生地の相性が抜群です。サクランボを丸ごと、ぜいたくにゴロゴロ使い、まん丸のままの実が入っていると、噛んだときに果実のうまみが広がりおいしいです。

材料
チェリーパイ～18cmパイ皿1台分～
薄力粉　250g
ラード　125g（ショートニングでも可）
塩　4g
冷水　80mℓ
冷凍アメリカンチェリー　300g（生でも可）
グラニュー糖　100g
シナモンスティック　2本
レモンスライス　1枚
キルシュ　大さじ1　サクランボ（チェリー）のブランデー
コーンスターチ　10g
卵　1個

準備
●パイ皿に薄くバターを塗る。
●薄力粉とラードは冷蔵庫で冷やし

ておく。

●オーブンは190℃に温めておく。

●卵を1個溶きほぐし、茶こしでこしておく。

つくり方

❶薄力粉のなかでラードをできるだけ細かく刻む。

❷冷水と塩を混ぜたものを加え、ひとまとめにする。

❸台に取り出し、カードで生地を切り分け、切った生地を重ね合わせて上から押さえる。この操作を繰り返す。ラップで包んで冷蔵庫で1時間休ませる。

チェリーパイ

❹冷凍アメリカンチェリーと砂糖を混ぜ、2時間ほど置く。

❺水分が出たら、火にかけてチェリーを煮る。

❻シナモンとレモン、キルシュを加え、ラップを密着させ、冷蔵庫で一晩漬け込む。

❼シナモンとレモン、チェリーを取り出し、コーンスターチを加え、火にかけてとろみをつける。

❽取り出したチェリーを加え、混ぜる。バットなどに広げ、冷ます。

❾生地を半分に切り、一辺20㎝ぐらいの正方形に伸ばす。冷蔵庫で30分休ませる。

❿1枚の生地を1㎝の幅にパイカッターで切り、格子状に編み込み（10本必要）冷凍しておく。残りを1㎝幅の帯に包丁で切っておく（縁用）。

⓫パイ皿にもう1枚の生地を敷き込み、⑧の冷ましておいたフィリングを広げる。

⓬縁に卵を塗り、冷凍した格子状の生地を上にのせ、余分を切り落とす。まわりに縁用の帯をのせる。

⓭表面に卵を塗り、190℃のオーブンで40分焼く。焼けたら網にのせて冷ます。冷めた頃が食べ頃です。

チェリードライフルーツ

サクランボは糖度が高く、ドライフルーツをつくるのはむずかしいですが、アメリカ産のものが多く市販されています。

食べ方

そのまま食べる他に、パンやケーキの材料として利用したり、アイスやヨーグルトのトッピングにも合います。紅茶に合わせてもよいでしょう。

◆主な参考・引用文献

『山形のさくらんぼ・西洋なし』渡部俊三著（自費出版）
『オウトウの作業便利帳』佐竹正行・矢野和男著（農文協）
『平成18年 特産果樹情報提供事業報告書』（社団法人日本果樹種苗協会）
『サクランボの絵本』西村幸一・野口協一編　（農文協）
『図解 落葉果樹の整枝せん定』「オウトウの整枝せん定」佐藤孝宣執筆（誠文堂新光社）
『日本のさくらんぼ』（山形県経済農業協同組合連合会）
『別冊NHK趣味の園芸　鉢で育てる果樹』大森直樹監修　（NHK出版）
『農家が教える果樹62種　育て方 楽しみ方』「暖地でオウトウ栽培」農文協編　末澤克彦執筆（農文協）

◆インフォメーション

＊本書内容関連

JA南アルプス市　〒400-0306　山梨県南アルプス市小笠原455
TEL 055-283-7131　FAX 055-283-7281

山梨県笛吹川フルーツ公園　〒405-0043　山梨市江曽原1488
TEL 0553-23-4101　FAX 0553-23-4103

かねしめ園（サクランボ観光農園）　〒400-0213　山梨県南アルプス市西野962
TEL & FAX 055-283-0679

マルトクフルーツ（サクランボジャム、サクランボワイン、サワーチェリー）
〒400-0215　山梨県南アルプス市上八田644
TEL 055-280-5050　FAX 055-280-5051

パティスリーモンテローザ（チェリーパイ）
〒231-0033　神奈川県横浜市中区長者町8-136-9
TEL 045-251-3643

積水樹脂㈱関東第二支店アグリ営業所
〒105-0022　東京都港区海岸1-11-1　ニューピア竹芝ノースタワー 12階
TEL 03-5400-1842　FAX 03-5400-1826

サクランボはまさに旬感果実

あとがき

私が山梨県果樹試験場でサクランボの栽培試験に携わるようになって、25年の歳月が流れました。その間、仕事を通して山梨県果樹園芸会オウトウ部の皆様はじめ、おもに山梨県内の生産者との関わりのなかで研鑽を積んで生産技術を磨いてきました。本書では、その技術を噛み砕いて、初心者の方にもわかりやすく管理の要点を解説しました。

これまでサクランボに関する初心者向けの技術書の出版はありませんでしたが、この本を手に取りサクランボに興味を持った初心者の方が、すぐ栽培に取り組めるよう、本書では新梢管理による樹勢調節や着果管理を中心にした施肥、整枝・剪定、摘蕾・摘果、人工受粉などの管理技術、品種の選び方、鉢植えのコツなどをわかりやすく記述しました。

自分で植えつけた苗木が大きく育ち、サクランボが実ったときの喜び、そしてその果実を口に含んだときの喜びは、なにものにも替えがたいものです。きっと大きな喜びをもたらしてくれるに違いありません。ぜひ、この本でサクランボ栽培に挑戦して、果物づくりの醍醐味を楽しんでください。

初心者の方にもわかりやすいように写真や図表、イラストなどを豊富に使った構成にしました。お忙しいなか、現場での写真撮影にご協力いただいた関係者の皆様にあらためて感謝申し上げます。また、本書の出版をすすめられ、ご支援を得た創森社の相場博也氏をはじめとする編集関係の皆様には心から謝意を表します。

著者

果実は「初夏のルビー」とも呼ばれる

サクランボは高級感あふれる果実

●

デザイン――塩原陽子　ビレッジ・ハウス
撮影――三宅 岳　富田 晃
イラスト――宍田利孝
取材・写真協力――山梨県果樹試験場
JA 南アルプス市
かねしめ園（手塚英男）
笛吹川フルーツ公園
雨宮農園（雨宮正明）
マルトクフルーツ（手塚徳人）
パティスリーモンテローザ
積水樹脂
KEN 農園（志村 研）
寒河江市さくらんぼ観光課
山形県園芸農業推進課　ほか
校正――吉田 仁

著者プロフィール

●富田 晃（とみた あきら）

山梨県果樹試験場栽培部長、主幹研究員、博士（農学）。

1962年、山梨県生まれ。千葉大学大学院修士課程修了。1990年から山梨県果樹試験場勤務。主に核果類（サクランボ、モモ、スモモ）の省力栽培技術、安定生産技術などの研究に従事。また、その研究活動にたいして千葉大学松実会永澤賞（2014年）、山梨科学アカデミー奨励賞（2015年）、園芸振興松島財団振興奨励賞（2017年）などを受賞。

著書に『基礎からわかるおいしいモモ栽培』（農文協）、『図解 落葉果樹の整枝せん定』（分担執筆、誠文堂新光社）、『モモの作業便利帳』（共著、農文協）など。

育《そだ》てて楽《たの》しむサクランボ　栽培《さいばい》・利用加工《りようかこう》

2018年11月16日　第1刷発行

著　　者――富田《とみた》 晃《あきら》

発 行 者――相場博也

発 行 所――株式会社 創森社

〒162-0805 東京都新宿区矢来町96-4

TEL 03-5228-2270　FAX 03-5228-2410

http://www.soshinsha-pub.com

振替00160-7-770406

組　　版――有限会社 天龍社

印刷製本――中央精版印刷株式会社

落丁・乱丁本はおとりかえします。定価は表紙カバーに表示してあります。

ISBN978-4-88340-329-5 C0061